推陈而出新

季征宇 著

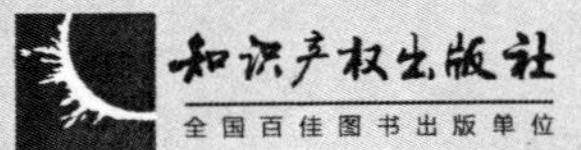

内容提要

本书收录作者在设计管理领域的随笔57篇，内容遍及设计行业内战略前瞻、技术研发、运营绩效、营销品牌、人力资源、质量保证、组织文化管理等方面，并结合作者20年工作中亲身经历的案例，为管理者形象解读理论提供他山之石。

读者对象：管理工作者、知识工作者、设计师、咨询师、工程技术人员。

责任编辑：黄清明　　**责任校对**：董志英
封面设计：智兴设计室·张国仓　　**责任出版**：卢运霞

图书在版编目（CIP）数据

推陈而出新：设计的管理/季征宇著. —北京：知识产权出版社，2013. 7
ISBN 978-7-5130-2146-3
Ⅰ. ①推… Ⅱ. ①季… Ⅲ. ①建筑设计—建筑企业—工业企业管理—文集 Ⅳ. ①F407. 96-53
中国版本图书馆 CIP 数据核字（2013）第 159361 号

推陈而出新
——设计的管理
Tuichen Er Chuxin
季征宇　著

出版发行：知识产权出版社

社　　址：	北京市海淀区马甸南村 1 号	邮　　编：	100088
网　　址：	http://www. ipph. cn	邮　　箱：	bjb@ cnipr. com
发行电话：	010-82000860 转 8101/8102	传　　真：	010-82005070/82000893
责编电话：	010-82000860 转 8117	责编邮箱：	hqm@ cnipr.com
印　　刷：	北京中献拓方科技发展有限公司	经　　销：	各大网上书店、新华书店及相关销售网点
开　　本：	720mm×960mm　1/16	印　　张：	10. 75
版　　次：	2013 年 7 月第 1 版	印　　次：	2013 年 7 月第 1 次印刷
字　　数：	196 千字	定　　价：	36. 00

ISBN 978-7-5130-2146-3

知识·服务·创新

——为《知旧而识新》与《推陈而出新》序

现代服务业与人类经济社会发展交相辉映。在科学技术进步的强力推动下，21世纪的人类社会发展越发显现三个新的重要特征：一是以知识为基础的社会；二是全球化的国际环境；三是可持续的发展方式。这三个新的重要特征都与现代服务业的发展息息相关。

人类进入21世纪以来，国家财富增长的主要途径和方式，越来越表现为知识的积累和创造。学习、获取和创造新知识将成为人们从事更有价值的生产和实现生活理想的基本手段，由此将引发社会组织形态和人类活动方式的深刻变革。现代服务业的基本职能就是帮助人们学习、获取、创造新知识；引导和辅助人们应用新知识改善生产方式和生活方式。以知识为基础的现代社会发展的前提条件就包括功能齐全、充满活力的现代服务业体系。

当前，面对能源、资源紧缺的约束，以及全球气候变化、科学伦理等诸多问题的困扰，人类社会需要作出共同的努力，来寻求人与自然和谐相处的新途径。在人类转变发展方式的过程中，现代服务业不可或缺。人类需要不断更新关于资源、环境和经济发展的知识，需要不断创新服务的技术和手段，加快用信息化、智能化、节约型、清洁型、环保型等现代技术和服务来改造传统产业的步伐，促进人类社会的全面、协调和可持续发展。总之，21世纪人类社会的三大新特征也意味着三大需求，对现代服务业发展既是机遇，也是挑战；把握住这个特征，也就把握住了发展现代服务业的方向和关键。

随着信息技术的产业化、社会化，服务业的发展呈现出以知识密集、人才密集和网络化为特征的发展态势，并表现出两种类型的现代化进程：一方面，利用信息技术和网络技术实现服务业现代化改造，全面提高传统服务业科技含量，成为一些国家促进经济社会发展的基本做法；另一方面，伴随着以知识的创造、传播、应用和科技创新活动为内容的各类专业服务组织的兴起，一批新兴服务业领域迅速形成，成为高速增长的现代经济部门。

知识服务业是提供知识产品和知识服务的产业，是智力型服务业群体的总称，它包括咨询、软件、研发、设计、文化传媒、广告以及传统的教育、医疗等。知识服务业具有高聚集性、高附加值和高成长性的特点。近年来，以知识密集型为特征的研发设计、咨询、解决方案提供等知识服务业正在不断兴起，日益成为现代服务业的重要组成部分。

季征宇先生在《知旧而识新》与《推陈而出新》这两本相辅相成的书中，思考和探索了很多关于知识、设计、服务和创新的概念、方法、技巧和工具。这两本书旁征博引了作者在工程、历史、文艺、生活、工作等领域获得的感悟与心得，别具一格。相信会给大家带来不少的启示和收获。

徐冠华

前科技部部长　中国科学院院士

推荐语

如果数据、信息和知识没有得到很好的积累、开放和共享，人类的科学和文明不可能得到今天这样的发展。

季征宇先生的这两本书，很好地说明了"旧"与"新"之间的传承性和知识的连续性。两卷书体裁和风格别具特色，专业性和文艺性趣味相杂，十分适合于广大知识与管理工作者阅读。

郭华东

2013年5月16日

如果数据、信息和知识没有得到很好的积累、开放和共享，人类的科学和文明不可能得到今天这样的发展。季征宇先生的这两本书，很好地说明了“旧”与“新”之间的传承性和知识的连续性。两卷书体裁和风格别具特色，专业性论述和文艺性趣味相杂，十分适合于广大知识与管理工作者。

——国际科技数据委员会（CODATA）主席，郭华东院士

推荐语

季征宇先生专注与坚守在知识与设计领域20多年，博古而通今，在很多角度都能发表与众不同、触类旁通的观点，让人觉得生活和工作，历史和现代都是相通和一体的。系列的巧妙编排就是知识管理和设计技巧的充分体现，值得大家细细品味。

——水立方总设计师，CCDI悉地国际董事长，赵晓钧先生

从事知识服务的公司的主要工作就是管好知识、积累好知识、开发好知识、维护好知识，使得知识能够不断累积，真正拥有站上巨人肩膀的阶梯。季征宇先生在知识管理和设计管理领域引经据典，自由驰骋，游刃有余，和严谨的学术理论相比，使人更能轻松地获取知识，掌握知识。

——零点咨询集团董事长，独立媒体人，袁岳博士

在技术飞速发展和社会分工日益精细的背景下，工程师的教育不仅应该注重于工程基础理论，而且应该加强社会、人文、商业经济等诸方面的能力培养，使之达到平衡；惟有如此，工程师及其服务的企业才能够把专业知识和技能与现实世界联系起来。季征宇先生结合自己的工程实践在上述诸方面做了令人钦佩的探索。这两本著作集合了基本的社会、人文、经济以及技术知识与应用方法，不仅对工程技术人员，对在校学生而言也是不容错过的优秀著作。

——上海交通大学土木工程系主任，沈水龙教授

知识型组织不仅应当具备精湛的核心技术，还要有系统的管理知识，而且要广泛地理解社会、政治、经济和人文。季征宇先生的这套丛书是用文、史、经、理、哲等诸多材料构筑的管理大厦，从生活和工作中的现象和疑问入手，让人兴趣盎然，一定会让管理者、工程师和知识工作者受益匪浅。

——天强顾问总经理，勘察设计管理专家，祝波善先生

推陈而出新（代前言）

“设计”这个词在古代汉语里面不是“根据一定要求，对某项工作预先制订图样、方案”的意思，而是摆下计谋的意思。虽然古代“设计”也是对脑力劳动的描述，侧重点可是大有不同，和设局、下套是同一领域，基本上是那些军师和幕僚的活。

《三国演义》是中国古代的计谋案例大全。王允、庞统、周瑜、吕蒙、陆逊、孔明等一干人精，你算计我，我算计你，个个都是“设计大师”。连环计、苦肉计、美人计层出不穷，极富创意。孔明还特文艺地做了锦囊，把纸条装在里面，美其名曰“锦囊妙计”。

周瑜也算是个设计高手，哄老同学蒋干偷假情报，和黄盖设苦肉计骗曹孟德，精彩绝伦。不太走运的是，他碰到了国家级设计大师诸葛亮，强中更有强中手，落下“周郎妙计安天下，赔了夫人又折兵”的笑柄，让中国古代人民大大地娱乐了一把。

“把一种计划、规划、设想通过视觉的形式传达出来的活动过程”的行为，在英语中对应的词是“Design”。这个单词的产生已经有一千多年，但在中文中对应的名词“设计”，产生的历史只有一百多年，而且是从日本用汉字造成后再传入中国的。从这个意义上说，“设计”还是个外来语。基于对设计行为的探索和思考，日本人后来已不再使用“设计”一词，而采用Design的音译（王受之·世界现代设计史）。

不管怎样，“设计”在中国现在已经固化下来了，设计便是造物活动进行预先的计划，可以把任何造物活动的计划技术和计划过程理解为设计。

设计发展的过程是先仿造再创造，比较流行的设计是模仿和类比，依葫芦画瓢，有时就是抄袭和复制。中国很多行业这几年快速的仿造还赢得了一个很形象的词语——山寨。

20世纪30年代，留美归来的胡适博士，提出了“大胆假设，小心求证”的研究方法，在科学界、文化界得到众多响应。其实这句话和设计倒是无比的般配和贴切。“设”就是假设和想象，“计”就是分析和论证。

映射到具体的过程中，“设”就是方案类，主要是奇思妙想，不怕做不到，就怕想不到。“计”就是通过分析计算把想法落到实处。在建筑设计中，“设”更多的是方案概念，“计”更多地偏向施工图。

改革开放几十年来，中国的建设成就举世瞩目，可最引人瞩目的那些项目，十之八九都是国外设计师的方案和概念，国内的设计企业多半是完成施工图和现场配合。老外创造，老中制造，很多人对这种“计有余而设不足”的现象很痛心，于是诞生出一个新名词——原创。其实，创造力不足的原因非常多，政治、经济、文化、技术都能扯上关系，这些底层的系统因素如无根本改变，大规模的继续创新是很难期待的。

迪斯尼的创始人华特·迪斯尼（Walt Disney）被誉为创意天才，很大程度上得益于他独特的设计方法。他比胡适更进一步，把设计分成3个独立的角色，互相支撑，互相制约。

第一个角色叫梦想家（Dreamer），没有限制，天马行空，创意无限，任何事情均有可能。第二个角色叫实践者（Realist），主要是排除万难，执行梦想家的主意，谋求做出效果。第三个角色叫评论者（Critic），主管不可行性，考虑到现实的条件及各方面的顾虑，控制事情避免出错。这种策略称之为“迪斯尼策略”（Disney Creativity Strategy）。

在设计的质量体系中，其实也有这么几个环节，很好地体现了迪斯尼策略，分别叫作设计策划、设计实施和设计验证，可以很好地体现这个机制。只是设计策划往往成为空文，设计验证又走过场了事，只剩下一个设计实施、又如何保证结果不会错误百出呢?

信息技术的飞速发展使设计的工作量大大减轻，设计周期大大缩短，设计深度和考虑因素也日益复杂，但是该方法对传统工序的冲击和影响却没有受到足够的重视。设计量减轻了，但校对、审核的工作量却增加了，相应的工时都没有相应调整。大量出现的后果是：轻者产品质量粗糙、错漏碰缺增加；重者出现安全事故。因此，建立适合新知识、新方法和新工具的制度，调整适应新设计方法的工序是质量的保证。有的企业看到了这一点，开始“流程再造”，有的企业却依然“守旧如故”。

设计实现过程的机制需要好好设计，设计企业发展的路径更是需要好好设计。

在余华名著《活着》中，败家子徐福贵笃信他爹告诉他的家传致富秘诀："从前，我们徐家的老祖宗不过是养了一只小鸡，鸡养大后变成了鹅，鹅养大了变成了羊，再把羊养大，羊就变成了牛。我们徐家就是这样发起来的。"勘察设计和工程咨询等专业服务公司在不断发展壮大的过程中，也好像是由鸡变鹅，由鹅变羊，由羊变牛的过程，除了体量上的不同，不同规模的组织在管理方式上也不相同，这就需要对组织管理进行设计。

从传统的专业服务公司的生命周期来看，初创和早期的事务所和设计公司一般规模都不会太大，行业项目的特点决定，公司主要依靠少数几个高级专家及其与客户之间紧密的私人关系，每个合伙人的杠杆作用（Leverage）都不大，产品的随机性比较大；随着公司的发展，产品不断定型，并形成了一套内部方法和制度体系，客户关系也越来越制度化，与重要客户的关系不再仅仅依赖个人，更多地取决于公司的品牌；当公司扩展到一定的地步，自然的增长已经很难满足其发展的需求，参股管理者的杠杆作用是公司经济发展的推动力。公司在吸引人才方面会变得更加活跃和周密，公司开始运作资本来推动业务，会出现负债和外部权益，公司的价值会明显优于前期。

在不同的生长周期，公司主要管理行为特点投入比例各有不同，前期关注于客户关系与招聘培训，中期聚焦于运营体系与品牌建设，后期则侧重于资本运作和财务控制。"凡事预则立，不预则废"，套一句很流行的说法，需要进行"顶层设计"。

顶层设计是一个系统工程的名词，本义是统筹考虑各层次和各要素，追根溯源，统揽全局，在最高层次上寻求问题的解决之道，在设计机制、流程和组织设计中也算恰当。设计企业需要全方位的推陈出新，需要设计的设计。

从过来的30年的积累和将来的30年的趋势看，中国的工程咨询设计行业处于一个空前良好的时期，政治改革、经济发展、技术提升、社会变迁都带来了无数的行业发展机遇。而针对这些因素的变迁，如何规划、修订、创新设计的机制、流程和组织结构、战略，是目前很多工程咨询设计单位面临的重要课题。

在工程咨询设计行业工作多年，笔者深感很多事物缺乏前瞻性思维、缺乏系统思考、缺乏辩证分析与批判性思维，短期的辉煌难掩长期的忧患，笔者乃

辑录了自己从2008年到2013年发表在新浪博客上的数十篇随感。按照战略前瞻、主价值链、辅价值链3个部分进行了组织，敝帚自珍，结集成册。

今年恰逢笔者走出校园20年，也是走上工作岗位20年，还有很多很多的20年纪念。承蒙家人和诸位朋友大加鼓励，遂付梓出版，也算对自己多年思考和积累的一个奖赏和纪念吧。如对大家有些许启发和促进，则更是笔者之幸运。

季征宇

2013年5月于上海

目 录

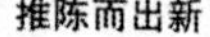

第一辑　战略前瞻篇

物格而后知至，知至而后意诚，意诚而后心正，心正而后身修，身修而后家齐，家齐而后国治，国治而后天下平。

——《大学》

❖❖「工」者，善其事也，指技术素养；「程」者，物之准也，即过程方法。工程就是技术加管理的组合。

工程的解构

《辞海》把“工程”的含义表述为“把数学和科学技术知识应用于规划、研制、加工、实验和创建人工系统的活动和成果”。典型的名词解释型，让人想起了令高考学子最头痛的政治考卷。其他《新华词典》、《现代汉语词典》、《四角号码词典》、《中华大百科全书》的解释我就不列举出来厌烦大家了。

衣食住行，人之大欲。人类发展史上的几十万年，都在为这些事情忙乎。当人们采摘野果树叶、捕猎獐鹿牛羊、果腹蔽体之余，首先想到的就是遮风挡雨，于是就有了建造和工程。

当时的人们因地制宜，有的在土里挖洞，有的在树上搭巢。这就是“土木”一词的由来。古代的工程一般就是指“土木构筑”。从汉语的角度，“工程”可分解为“工”和“程”两个字。

《说文解字》片段

所谓“工”，从字体上理解，在东汉许慎所著的《说文解字》中解释为“巧解，凡善其事曰工”。说得白一些就是技术和技术修养，或者本领、造诣、功夫，类似的词语有“做工”、“唱工”等。考奖一个人“工书善画”，讽刺一个人“工于心计”，感慨自然美景“鬼斧神工”，惊讶某物件“巧夺天工”都是这个用法。

中国画中，以精谨细腻的笔法描绘景物或人物的，叫作工笔画。《圣朝名画评》记载：“广政中昶命筌与其子居农于八卦殿画四时山水及诸禽鸟花卉等，至为精备。其年冬昶将出猎，因按鹰犬，其间一鹰，奋举臂者不能制，遂纵之，直入殿搏其所画翎羽。”大意是画家黄筌写花卉翎毛因工细逼真，呼之欲出，而被苍鹰视为真物而袭之，

可见工笔画精细的技术含量。

所谓“程”是指事情的规矩与法式（程序、规程），进展与限度（过程、进程），结果的衡量和评定（程度、程量），程作为动词的时候，有衡量和品评的意思。《荀子·致仕》曰：“程者，物之准也”，基本上属于管理领域的行为。

“工程”被解构后，就发现“工程”就是现在所说的“技术”+“管理”的组合，不但要注入核心技术，更要强调过程、关注成果，并注重对成果的评价。寥寥二字，就是一个质量管理体系。

在一次管理论坛中，有专家指出，工程师的能力由专业素质和职业素质组成，我国的工程师在专业能力上比起国外的同行都不会太差，但在职业素质、自我管理、自我约束方面还有很大的提升空间。

“工程”一词已经渗透在现代人生活的各个角落。除了那些具备工程本意的诸如“南水北调工程”、“三峡建设工程”，人们还喜欢把较大而复杂的行动称作工程。

1942 年，一批科学家和工程师集聚在纽约曼哈顿区进行一项神秘的项目，设计并制造原子弹，这个工程被称为“曼哈顿工程”。

1971 年，为了让林彪“提前抢班”，林立果策划直接杀害毛泽东，做好“武装起义”的准备，把这个计划称为“571 工程”。

1988 年，为了解决城镇居民食品消费问题，增加蔬菜、肉类、禽蛋、奶类、水产品、水果等主要鲜活农产品供给，中国政府推行了涵盖生产、加工、流通和宏观调控的“菜篮子工程”。物品是丰富了，可质量不能保证，“地沟油”、“毒奶粉”的出现引发推广“食品安全工程”。

1990 年，中国青少年发展基金会发起倡导并组织实施资助贫困地区失学儿童重返校园，建设希望小学，改善农村办学条件一项社会公益事业，称作“希望工程”。不知道这些热心让义务教育责任之所在的政府如何作想？

……

对于那些毫无章法、拖泥带水，粉饰太平的事情，老百姓也起了两个很形象的名字，一曰“面子工程”，一曰“胡子工程”。

技术与管理

❖❖技术含有管理，管理需要技术，你中有我，我中有你，密不可分。把两者对立起来，在根源上就发生了偏差。

业内有个蓬勃兴起的同行，很多事情做得标新立异，员工的感受是："公司更重管理，不重技术。"无独有偶，某著名老牌设计院的董事长也谈道："设计师反映单位重管理轻技术。"经常有刚走上职场的年轻设计师，询问我应该向技术方向发展，还是向管理方向发展，我总是一时语塞。因为我认为，技术含有管理，管理需要技术，密不可分，把两者对立起来，在根源上就发生了偏差。

管理学家彼得·德鲁克

只要有复杂的事务需要协调，就需要管理工作，但是把管理看做一门科学或者技术，这种见解主要在20世纪形成。被誉为恢宏巨著的牛津版《技术史》在"管理"一章中指出："对管理认识水平的提高，增强了我们在一个技术先进的社会里改进物质水准的能力。它们代表了20世纪技术'软件'中的重要部分。"

《礼记·大学》有云："修身、齐家、治国、平天下"，管理大师彼得·德鲁克表述成"个人的管理、组织的管理、社会的管理"三部曲，真可谓中外同、古今一。技术管理层次不仅有社会层次，组织层次，还有个人层次。笔者在长期的设计和管理工作中体会到，具体的设计过程从项目到专业，从整体到构件，管理体现在工作的每一个环节和细节中。优秀设计师可以在自己的专业工作中，也可以在项目中体现管理的理念和技巧，不仅仅是奇技精巧的“匠”，而是博学多才的“家”。而各类体系管理，从计划、控制、领导到评估的各个阶段，处处蕴涵着设计理念，可谓“设计小管理，管理大设计”，你中有我，我中有你，本是很难分开的。

由于教育体制的先天不足，很多工程师的管理知识近乎空白。美国 Marcel Dekker，Inc 从上世纪 50 年代至今一直在出版一套“工程师应知”丛书（*What Every Engineer Should Know About*），作为对工程师专业领域以外知识的补充，目前已超过 50 余本，主要集中在经济管理、计算机技术、新材料、新理论、社会学等，其中涉及管理的有：对产品质量的责任、专利、人力资源管理、经济决策分析、制造成本估计等。这套书的书目和内容，从一个侧面说明了工程师的知识结构和技能需要与时俱进，惟有不断学习方是向上之车轮。

英国土木工程师学会 ICE 对希望成为其会员的土木工程师或技术专家用发展目标（Development Objectives）进行衡量和审核。这些发展目标共分 15 个方面，除了拓宽及深化工程方面的知识，大量地集中在预算控制、系统管理，团队合作、质量标保持、沟通技能、有效合作、商务技能、社会责任、自我发展等方面，体现对工程师全面而均衡的专业能力与管理能力的要求。

有一门年轻的学科叫作“技术管理”。在宏观领域，对象包括技术战略、技术政策，为国家制定科技规划、科技政策提供支持；在微观领域，它的研究包括技术研发的组织结构、运行机制，技术引进或转让的机构、路线、方法，为企业提供全球背景下正确的经营策略。在技术管理中“技术”概念的内涵，不仅包括工程

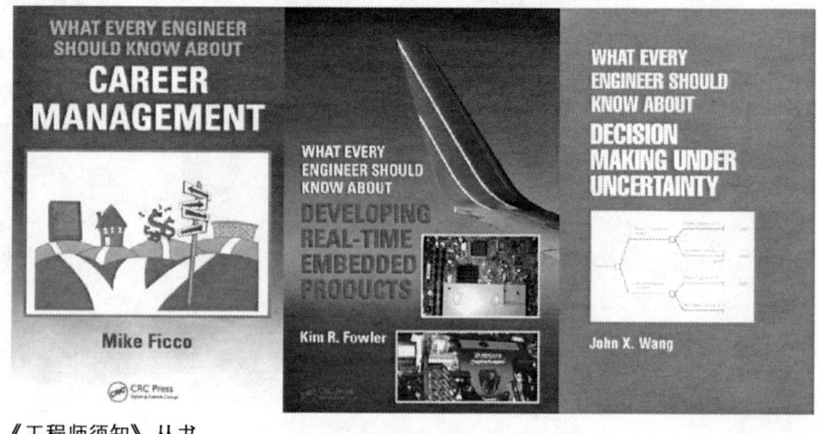

《工程师须知》丛书

类技术，还包括管理类技术。我们的“硬技术”（工程类技术）由于缺乏“软技术”（管理类技术）的支持，从而在实现市场价值和社会价值的过程中大打折扣。

我们和世界发达国家的差距，全方位地存在于个人、组织和国家的各个层次中。

❖❖技术含有管理，管理需要技术，你中有我，我中有你，密不可分。把两者对立起来，在根源上就发生了偏差。

前瞻戰略 低技术与高技术

《笑林广记》（清·游戏主人）中辑录了一则名为“待诏剃头”的笑话：一待诏初学剃头，每刀伤一处，则以一指掩之。已而伤多，不胜其掩，乃曰：“原来剃头甚难，须得千手观音来才好。”

掩卷之余，想起了某工程单位在因工程质量而遭政府部门通报批评后的检查报告，最主要的一条是没有和政府部门搞好关系，以致“朝中无人”，惨遭曝光，痛悔没有及早打造那只可以“掩盖疮疤”的手。

进而又想起了中国科技大学前校长朱清时，这位一再大声疾呼办大学首先要“去官化、去行政化”的知名教授，对待高校评估的独特态度。当大学评估搞得教育部借调来的女秘书都成为大学领导层倾巢出动，群情簇拥对象的时候，朱清时搞的却是“原生态”展示，甚至没有给评估人员事先准备好椅子，不得不让人

上海世博园瑞典馆

佩服他的“底气”。

2010年，上海世博园瑞典馆馆长任安莉接受采访时被问及“瑞典馆有哪些高科技亮点?”任安莉没有正面回答，却道“美好的城市也需要‘低技术’”，很是耐人寻味。任安莉特别强调的“低技术”，是希望人们在城市发展过程中，多多关注基础性的东西，而不是一味地追求高端和尖端。

再说一个“造酒忘米”的笑话。某哥们儿向酒家请教酿酒的方法，酒家告诉他：“一斗的米，加上一两酒曲，再加上二斗的水，三样相互掺和，这样过了7天，就变成酒了。”这哥们儿性急加上健忘，回家后用了二斗水加一两酒曲，掺和起来做酒了，可过了7天后一尝，还跟水差不多，于是就去责怪酒家骗人，隐藏关键步骤。酒家说：“你一定没有按照我说的方法去做呀。”这哥们儿说：“我就是按照你说的用二斗水加一两酒曲。”酒家跟着问他：“米放了没有?”，哥们儿挠挠头皮想了想说：“是我忘记放米了!”

❖做很多事情要搞清先后顺序。设计要先仿造再创造，执行要先完成再完美，创业要先成长再成功。

造酒连最基本的东西都忘了，酿不出酒反而生气怨恨教他方法的人的不好。近年来社会各界大谈改革、大谈创新，可很少有人谈创新的基础，学生刚走上岗位就想成为高手，企业刚成立不久就想成为行业翘楚，忘记去打基础，而想着一步登天，和这位老兄有什么两样呢?

四书之首《大学》开篇即云：“物有本末，事有终始，知所先后，则近道矣。”做很多事情要搞清先后顺序，学习要先记录再记忆，设计要先仿造再创造，执行要先完成再完美，创业要先成长再成功，发展要先站住再站高……

人心浮躁，社会浮躁，大规模的建设需求远远超出了社会自身能力的承受，知识被稀释，流程被形式。造出来的酒像水一样也就罢了，可是豆腐渣工程的此起彼伏，大规模人为灾难的频频发生，就不那么好笑了。

前瞻戰略 加速与刹车

“从前有座山，山里有座庙，庙里有个老和尚教小和尚学功夫……”典型的俗不可耐的中国式神秘故事的开头。

其实老外也很好这个套路。1797 年，德国文学大师歌德根据古埃及的传说写了一首叙事诗，名字叫作《魔法师的徒弟》，开头也是这样：从前有座山，山里有个洞，洞里有个魔法师教小徒弟学本事。学些什么就不得而知了，反正在学本事前是得干些 dirty job，所谓脏活、苦活、累活。

一心想学魔法的小徒弟干的活不复杂，但很单调——打水，一遍又一遍地把洞里那好像永远也装不满的大缸装满。但这就是关键，看你是否熬得住。

某笑星回忆 7 岁学评书的情景：

早上起来从家出去，奔那个说书的老先生家，一进门，老头儿一家都没起呢，进门先把什么痰盂、尿盆给人都倒了，把地扫了，伺候老头儿起来，洗脸漱口，给他弄完早点，来的时候还带一张报纸，这都完事了，人才给你说活啊，告诉你怎么怎么着，这是学徒的必然过程。

小学徒觉得太乏味了，师傅明明一只手指头动一下就可以把水缸装满，为什么还要这样折磨我？于是趁着师傅出门，拿起师傅的宝典就开始作法。他让墙角的扫帚替他去打水，可眼看水缸满了却不知道如何让扫帚停下来。他用斧子把扫帚剁成碎片，可每个碎片都变了一把扫帚，继续打水，洞里泛滥成灾……

这个暗示失控的题材受到了广泛的喜爱。1890 年，法国作曲家杜卡谱写了同名交响诗；1940 年，迪斯尼把它变成了动画片；2008 年推出真人版……故事中的小徒弟，带有大量的 Human factor 的象征意义，缺乏耐心，急于求成，阳奉阴违，好高骛远。偷来的宝典，仿佛是一辆只有油门、没有刹车的车，当一个没有经验的“菜鸟”驾驶着这辆车高速行驶的时候，等待着他的只

交响诗《魔法师的学徒》

有……

国内的一些企业的发展也是这样，也许凭着一些自己也不知道的原因，取得了一些成功，就开始拼命扩张，很多企业就开始捉襟见肘，轰然倒闭。据统计数据显示，中国民营企业平均寿命不足3年，而美国高达40年。

改革开放以来，经济高速发展，油门踩得很猛，却缺乏减速和刹车的本事。股市一泻千里，房市一飞冲天，有关部门急了，开始宏观调控，不见成效，又挥起了手中的斧子：国十一条、国十条、九月新政、新国八条、国五条……可每次楼市调控新政一出，各主要大城市都量价齐升，高价房已经成为百姓可望不可即的奢侈品。

中国的经济发展戴上GDP全球第二的桂冠，付出了巨大的成本：污染的江湖河海，不可再生资源的枯竭，阴霾的大气环境，工程灾难与食品安全……

行业内很多公司都在做和自己不匹配的事情，应该专注核心技术在建ERP，应该建立运营体系的在筹备上市，都是急于求成的心态在作怪，“定位”是当务之急。

再回到那个故事，正当小学徒在水中挣扎绝望的时候，魔法师回来了，几句咒语，大水即刻退去，一切回到正常。

让我们的一切回归正常的魔法师在哪里？

❖❖偷来的宝典，仿佛是一辆只有油门没有刹车的车，当一个没有经验的『菜鸟』驾驶着这辆车高速行驶的时候……

战略前瞻 结构化木桶

著名的管理学家，现代层级组织学的奠基人，劳伦斯·彼得博士提出过著名的“木桶理论”，大意是一个木桶能盛下的水的容量是由这个木桶中最短的木板决定的，又被称为“短板效应”。这个比喻由于非常直观和别致，得到了广泛的应用。木桶不但可以象征一个员工，一个团队，而且被用来象征一个企业，随着它被越来越普遍地应用，开始上升到理论的时候，这个理论开始有了各种的变化，木桶的各个部分都开始和企业的各个部分对应起来。

管理学家劳伦斯·彼得

当一个木桶的关键部位被分成桶底、桶板、桶箍三个部分的时候，人们惊奇地发现，它正好形象地解释了迈克尔·波特的价值链理论。

价值链理论基于企业创造价值的基本任务，依据战略，把企业的各项活动分解为若干组成部分。在专业服务公司中，技术研发、运营绩效、营销品牌等基础活动构成了主价值链，而人力资源、品质保证、组织文化、基础设施等支持性活动构成辅价值链，互相交织，互相支撑。

可以想象地把战略前瞻等工作看成桶底，把包含技术研发等基础活动的主价值链看成桶板，把包含人力资源等支持性活动的辅价值链看成桶箍，桶持续装水的多少就是企业创造价值的能力。

专业服务公司的这些经典的管理行为，还会在一定时期内多多少少的存在，但随着政治、经济、社会、技术的发展，这些管理行为的层次、比例和来源都会发生巨大的变化，是自我培育，

木桶的短板效应

还是外包（抑或内包），传统的理念和方式会急剧转型，从而极大地促进行业的发展。

在组织这个木桶上，桶底、桶板、桶箍都不是一成不变的，而是自我生长、随时变化的自适应构件，是一个“生长”的木桶，于是就演变出很多新的理论：

❖❖在组织这个木桶上，桶底、桶板、桶箍都不是一成不变的，而是自我生长、随时变化的自适应构件。

反木桶原理：当某块桶板远远高于其他时，就要考虑把它独立出来。例如剥离优势资源，凭借鲜明的特色，就能跳出大集团的游戏规则扬长避短。这是优势资源理论。

桶形原理：同样的桶板，拼成方形、圆形和椭圆形，装水量是不一样的。这是周长和面积的数学关系，组织性能最大化原理。

桶物原理：同样的桶，装水和装酒的价值是不一样的。这是选择理论，商业模式理论。

斜桶原理：有短板的桶，斜着放，可以装更多水。这是使用和执行力理论。

桶箍原理：桶的长久储水量取决于各桶板的配合紧密性，桶箍则是效率最高的措施，桶箍的强度、间隙还可以优化桶板的材料和厚薄。有点协同和平台思维的味道。

动态桶理论：扩展考虑水的来源、水的用途和装水的效率，融入了营销、品牌的原则。

桶柄理论：板块的明星效应，含有价值传播的效应。

桶底理论：一个靠谱的桶底是最关键的，这是底线，可比喻为组织的战略和伦理。

……

从一个木桶看组织结构，也算是以小喻大了。

前瞻战略 交通与跨界

1990年夏天，我去上海交通大学报到。出发前，一个老邻居很亲热地拍了拍我的肩膀："交通大学好啊，以后船票、火车票就包在你身上啦。"到交大后，发现交通大学和火车、轮船确实有关系，但火车、轮船只是很小的一部分，远不是它的全部。"交通"更符合"交叉通汇"的衍生意义，交通大学的交叉性领域、跨学科领域在国内一直比较领先，不知是不是名字取得好的缘故。

"交通"一词自古以来就有很多意味深长的意思。陶渊明在《桃花源记》中写道："土地平旷，屋舍俨然，有良田美池桑竹之属。阡陌交通，鸡犬相闻。"描绘田间小路往来通达，非常方便，是早期的"乌托邦"的象征。

《玉台新咏·孔雀东南飞》中，焦仲卿夫妻双双殉情后，两家求合葬："东西植松柏，左右种梧桐。枝枝相覆盖，叶叶相交通。"暗喻夫妻间的恋恋不舍、两情依依。到了唐玄宗的那件韵事，就演化成"在天愿为比翼鸟，在地愿为连理枝"了，也是很形象的"交通"。

狭义的"交通"是和英语单词"transportation"相对应的。韦伯斯特词典的说明为"人和物的转运和输送"，进一步指通过人力、摩托车、汽车、火车、轮船、飞机等器具进行的人流、客流和货流的交流运输。

1990年暴雨后的上海交大老图书馆（张旻提供）

广义的"交通"也包含邮递、电信等人际资讯和资源方面的交流，在英语中对应的词

1993 年作者和吴劼于上海交大包兆龙图书馆

❖❖交通大学在交叉性领域、跨学科领域在国内一直比较领先，不知是不是名字取得好的缘故。

是“communication”。交通银行的英文名字就是 Bank of Communication，大概也有忽悠大家把钱存进来互通有无的意思吧。

1992 年，当时的参议员，后任美国副总统阿尔·戈尔提出美国信息高速公路法案。1993 年，美国政府宣布实施一项新的高科技计划——“国家信息基础设施”（简称 NII），旨在以因特网为雏形，兴建信息时代的高速公路——“信息高速公路”，这项计划直接把两种概念“交通”“复合”起来了。

近几年伴随着“创新”而在中国流行起来的一个热词“跨界”，应该和“交通”也有千丝万缕的关系的。这三个词应该是递进关系，“交通”是“跨界”的基础，“创新”是“跨界”的目的。如何跨界？古人说得好：“独上高楼，望尽天涯路。”

前瞻战略 跨界与交通

儿子和网上的一帮小朋友喜欢玩古诗词乱搭，倒也妙趣横生。什么“飞流直下三千尺，不及汪伦赠我情”；什么“红酥手，黄藤酒，两个黄鹂鸣翠柳；长亭外，古道边，一行白鹭上青天”；什么“秦皇汉武，唐宗宋祖，隔江犹唱后庭花；一代天骄，成吉思汗，也傍桑阴学种瓜”；很跨界，很交叉，很“暗恋桃花源”。

相声是玩“跨界”比较早的一个行当。《关公战秦琼》，玩的是“时间跨界”，《改行》玩的是“行业跨界”，《兵发云南》玩的是“地域跨界”，让原本毫不相干的元素，相互渗透、相互融会，给人一种立体感和纵深感，跨的界越离奇、越荒谬，效果就越出彩。

1998 年第 40 届格莱美奖

上世纪五六十年代的美国，如果一张唱片既上了迪斯科榜，又上了节奏布鲁斯榜，就被称作“Crossover”——“跨界”。到了 70 年代，很多爵士乐唱片制作者把爵士乐与其他各类音乐进行“融合”，开发出很多新种类，成为爵士唱片市场复兴的一剂良方。

80 年代，“浪漫王子”理查德-克莱德曼通过将他原有的“商标性”的特点与古典、流行等因素相结合的一系列曲目，赢得了“古典跨界”超级明星的地位，不可思议地拥有了 267 张金唱片和 70 张白金唱片。热门专辑《命运》、《水边的阿狄丽娜》、《星空》至今还是很多中年人的至爱。1998 年，格莱梅设立了“Best Classical Cross over Album”的奖项进一步给力这种潮流。

爱因斯坦也曾经说过，如果思维方式没有变化就不能解决我们由现在的思维方式所带来的问题。中国古人早就给出了解决方法：他山之石，可以攻玉。

世界著名设计公司 IDEO 为了开拓思维，提升自身的创新能

1990 年暴雨后的上海交大包兆龙图书馆（张旻提供）

力，把创新团队的要素归纳为人类学家、实验家、嫁接能手、跨栏运动员、协调员、导演、用户体验设计师、布景师、照料者、故事家 3 大类 10 个角色。其中的“嫁接能手”就拥有将各种知识进行融合会产生神奇的能力。他们能对那些看起来完全不相干的想法和概念进行巧妙的嫁接，创造出新的事物。他们所擅长的常常是把某个行业最先进的思路或者发明完美地移植到另一领域，触类旁通。

台湾联强早期物流中心的运作经常出现发货错误的情况，内部采取了各种措施来提升工作质量，仍不能杜绝错误的产生，因为内部运作很难改变客户方面的原因。后来管理人员借鉴了拉斯维加斯赌场的管理方式，以录像来记录出货过程，有效地覆盖了全过程环节。

设计师天生就是要给人带来不同凡响的感受，让原本毫不相干，甚至矛盾、对立的元素擦出灵感火花和奇妙创意。但目前很多学科过度专业化，甚至出现过一个厕所需要 5 个设计师来设计的笑话。如何拓展视野，打破樊篱？套句网络流行语，不想当厨子的司机不是好裁缝。

❖❖让原本毫不相干的元素，相互渗透、相互融会，给人一种立体感和纵深感。跨的界越离奇、越荒谬，效果就越出彩。

赚钱与花钱

改革开放造就的一个颇具特色的流行词是“能挣会花”。本山大叔春晚上的哲理性感慨，把全国人民对花钱技巧的认识提高到一个新的高度：最遗憾的事情是人死了钱没花完，最痛苦的事情是人没死钱花完了。“花钱”一度成了年度热门词语之一。

1996 年去美国考察的时候，华尔街的老同学给我大肆洗脑，其中印象最深的是：“不会花钱的人怎么能赚钱?”当时深受“艰苦奋斗干革命”影响的我，第一反应是“烧包”，不以为然，嗤之以鼻。现在回想一下当时的自己，还是很井底之蛙的。

捉襟见肘的时候，也就是恩格尔系数很高的时候，花钱的范围很窄，需要的技巧有限。上海人好面子，一家一当全穿在身上，

作者 1996 年于纽约世贸中心屋顶留影

有句顺口溜调侃："不怕火烧房，就怕掉茅坑。"潮汕人好那口，家徒四壁仍吃得有滋有味。等到物质极大地丰富的时候，就出现了花钱的本领性恐慌，导致两个极端，守财奴和暴发户。花钱的前提是要有钱可花，两袖清风奢谈花费，难免成为笑柄。建国初期穷是我们最大的一个威胁。当时有一个笑话，我们给老大哥打电报："我们穷，没有粮食，给我们面包。"老大哥回电："老弟，没有粮食，你们只好勒紧裤腰带。"我们的第二个电报是："请送裤腰带来。"

❖❖由贫穷一下子跃入物质极丰富的时候，就出现了花钱的本领性恐慌，全然不顾花钱的本质是资源的有效运作，技巧是流程的精细化和成本管理的全面化。

连裤腰带都没有怎么办？可以借钱、可以贷款，但那是需要质押或担保的。要是有赚钱理念和花钱技巧，就有风险投资愿意和你同舟共济。几年前，国家号召国民增加财产性收入，就是鼓励大家发家致富的方式要转型。一段时间，罗伯特·清崎的《穷爸爸、富爸爸》成了国人的理财投资的启蒙读物加葵花宝典。

赚钱的重点在于发现商机，卖个好价钱，不只是把产品卖出去，更重要的是，要以合理的价格卖出去，也就是将顾客的需求转化成赢利机会的学问。多说下去就等于抄写一遍菲利普·科特勒的《营销管理》了。

花钱并不等同于消费，更不等于博弈。花钱并不是撒钱和浪费，其本质是资源的运作，真正的花钱高手，是能花一分钱办两分钱的事，能够在别人花一分钱的时间内有效地花掉两分钱。

有一个香港设计师，有一次看到我们的头儿在颠颠地跑进跑出，打印传真，悄悄地对我说，在他们事务所，如果他去发传真，老板要骂的，因为老板觉得他在发传真这件事上，花费了10倍的成本。同样地，老板也不会允许他们花两三个小时去挤公交车，因为"打的"的综合成本要低得多。所以，有效地运作资源的前提是流程的精细化和成本管理的全面化。

激励也是花钱的一个方面，有钱能使鬼推磨，可奖励必须达到一定的度，能够使人"心动"，否则，钱花了而没有效果。奖励是撒胡椒面，蜻蜓点水，四面出击，结果是收效甚微。花钱也有它的技巧。

传统概念上，设计咨询行业不是花钱行业。承接业务，找人分析、画图、写报告，收钱分钱，花钱之处也就是电脑、软件、办公场所等，有开办费就够了，在家里也能完成大半工作，最大的花费就是人力成本。因为理论上不需要大笔资金，所以几乎没有会计事务所、律师事务所、咨询设计公司上市的，总不见得到股市上圈了钱，一人买10台电脑，收了咨询费给股民分红利吧。

从横向的一竿子买卖角度，这些理解有它的道理。可要从发展的角度来看，如何保持作为专业服务企业的知识优势，要花钱的地方可是大大地多呢。

在一次研讨会上，国内一家大型施工企业集团的管理人员对我说，每次他们和国外港台的开发商签承包合同，对方总是要附上几本像砖头一样厚的协议，我们没人看得懂，但每次他们索赔的时候，终归能在里面找到相应的条款。记得中国足球刚开始职业化的时候，流传着一个段子“人傻、钱多、速来”，当这个段子在国际工程市场、国际资本市场一个一个变成现实的时候，就不那么好玩了。

有个兄弟当了老板，和我说他最讨厌手下和他讨价还价，斤斤计较。我拍拍他的肩膀说，当你的部下连讨价还价的能力都没有的时候，你就永远是个包工头。

韦尔奇管理思想的核心：在商业决策中首先考虑收益，甚至为了得到收益而付出明显较多的成本。业内有的公司已经上市，有的正在轰轰烈烈准备上市，同行们正在围观，看它如何花钱？也许能看到一种多元化的创新。

顶天与立地

❖❖「经」总是比较宏观和高端的，偏于思想领域；「济」是比较微观和务实的，偏于技巧领域。经济就是顶天立地。

童年时，老爸每年都要在院子里种几棵丝瓜，总有那么几根藤蔓沿着树干越爬越高，终于在树端结出了让我可望不可即的果实，越长越大，由绿变黄，成了老丝瓜，随风飘荡，台风来了也刮不下来。到了秋天，老爸用竹竿把老丝瓜打下来，去皮之后，就变成粗粗长长的丝瓜筋，男士们很生态的洗澡擦背工具。

老丝瓜筋纵横交错的“经络”就是我对“经”的最早的直观认识。后来才知道，中医也认为老丝瓜筋络贯穿，有通经络、行血脉、凉血解毒的功效，可借老丝瓜之气来导引人体的经络，作用大大地。用现代术语来解释，“经络”是一个纵横覆盖的控制系统。

“经”在中文里是一个用得很广的字。除了从“丝”字旁可

1986 年作者于同济大学校门留影

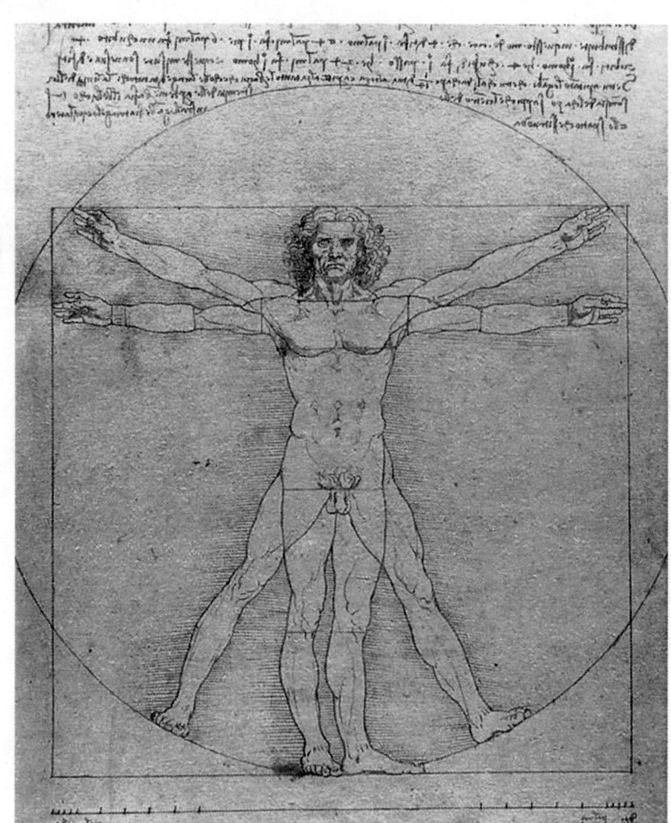
达芬奇作品——维特鲁威人

以推断它是长长的编织物，人们还把思想、道德、行为等标准的书称作“经”，如四书五经、经史子集。用做动词也让人很回肠荡气，经天纬地（所以老蒋的两位公子一名经国，一名纬国）。真是奇妙的关联。可见“经”总是比较宏观和高端的，偏于思想领域。

当“经”字碰到“济”字的时候，它们就联合成一个当今中国最热门的词汇“经济”。用谷歌搜索一下，4.76 亿条，中国网民 4.57 亿人，平均每人拥有一条。改革开放 30 多年，中国给世界的印象，除了经济腾飞，要想点别的词语还真不太容易。

“济”在做名词的时候代表古代一条叫“济水”的河流，现在的济源、济南、济阳、济宁等地名都和这条河有关。“济”在做动词的时候，有帮助的意思，比如接济、周济、假公济私等；另一个常用的意思是渡河，比如同舟共济（母校同济少有大师级人物可能就是技巧有余而思想不足，爱之深，盼之切）。反正是一种方法或手段。可见“济”是比较微观和务实的，偏于技巧领域。

在中国古代知识分子的理想中，经济学应该是使社会繁荣，百姓安居的学问。孟子的理想是“穷则独善其身，达则兼善天下”，而“兼善天下”的办法就是“经世济民”。

“经世”，以国民经济总过程的活动为研究对象，主要考察就业总水平、国民总收入等经济指标，研究整个的经济社会如何运作，并找出办法，让经济社会运行得更加稳定、发展得更快，现代叫作宏观经济学（Macro economics），视野广阔，像雄鹰翱翔于天空，是谓“鹰瞰”。

“济民”，以单个经济单位（单个生产者、单个消费者、单个市场经济活动）作为研究对象，分析单个生产者如何将有限资源分配在各种商品的生产上以取得最大利润；单个消费者如何将有限收入分配在各种商品消费上以获得最大满足，现代叫作微观经济学（Micro economics），洞察入微，像蚯蚓匍匐于大地，是谓“虫感”。

❖『经』总是比较宏观和高端的，偏于思想领域；『济』是比较微观和务实的，偏于技巧领域。经济就是顶天立地。

在维特鲁威献给罗马皇帝的《建筑十书》中，他写道，由多门类的学问构建起来的建筑学（古罗马时代）是如此丰富，宏观角度，必须具有天文学知识，深悉各种历史，勤听哲学，理解音乐，了解医学，微观角度，必须通晓法律学家的论述，精通几何学，擅长文笔，熟习制图……现代的设计师、设计团队和设计企业不但要了解政治、经济、环境、社会、法律等宏观因素，更要精通所在领域的核心技术和专业趋势。

陈通教授在《经济学》课上说：“经济学，应该顶天立地”，一语以概之。

前瞻战略 曲径通幽处

引　子

一家工厂的主管正在有条不紊地指挥生产，稀疏的头发想方设法地覆盖在他微泛油光的脑袋上。“你已经使之成为一门科学了”，手下恭维道，“每一根头发都做了安排。”“是啊”，主管苦笑着说，“过去它们只有一个总数，现在它们已经各有自己的名字了！”

这个笑话给了我们如下启发：

一是独立的头发拥有名字后，就成为了直接管理的对象。

二是当管理对象的数量和管理能力匹配时，精细化管理就成为可能。

三是管理对象的细分程度和管理精细化的能力是匹配的。

四是头发信息模型 HIM（Hair Information Model）是精细化管理的平台。

同样的事情也发生在制造业。他们也在把整体产品拆成一个一个局部（部件、构件等），并给他们起了名字，而且还赋予了各类属性（几何的、物理的、化学的、力学的）。但不是因为管理对象数量的减少，而是因为信息技术极大地提升了管理的能力。

在建筑业，人们把“产品（Product）”具体化为“建筑（Building）”，搭建的平台叫作建筑信息模型 BIM。从数据的角度说，BIM 是一个新型的关系型数据结构，从运用角度讲，BIM 是一个信息存储、交换、挖掘和共享的平台。

传统的设计知识表达

几千年来，设计师在心中或者借助模型等工具构筑他们的设计意象，然后抽象成符号绘制在平面的图纸上。在这个过程中，

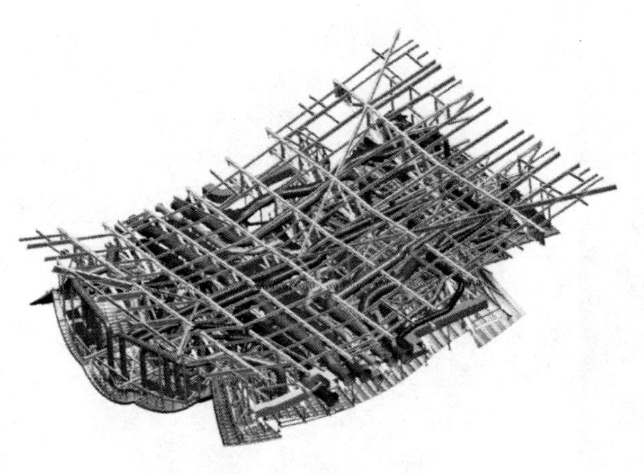
建筑信息模型 BIM 示例

大量的信息遗失了，信息学家称之为“信息漏斗”，文绉绉的说法叫“书不尽言、言不尽意”。

工匠们依据图纸，根据自己的理解，把图纸上的符号具体成实物。由于设计师的抽象指令和工匠的还原方法很难一致，像鲜奶浓缩成奶粉再加水调和后，营养成分终归和原始鲜奶有差别一样，建造的实物和设计的期望总是有一定的差距。以至于有人把建筑过程称为“遗憾的艺术”。

从数据的角度说，BIM 是新型的关系型数据结构；从运用角度讲，BIM 是信息存储、交换、挖掘和共享的平台。

计算机绘图作为一种有效手段，帮助设计师大大提升了效率，甩掉了图板，但本质上较多的是作为一种绘图、辅助计算、测量、放样和简单的数据交换工具来使用，绘制一些直线、折线、弧线、填充、域等信息。通过这些二维信息来表达的建筑元素，只是一些线段的集合，不能赋予更加复杂的信息。

在这些传统的图纸中，信息和知识以非常抽象的形式存在于这些图形和文字中，一定需要具备专业能力人，才有可能进行有效的解读。其他相关的专业人士，如测量师、监理师，也要花费九牛二虎之力才能将各类数据进行有效的关联。

知识重用的障碍

20 世纪 70 年代中期，美国人工智能泰斗费根鲍姆研究了人类专家们解决专门领域问题的方式和方法，提出了知识工程这个术语，其内容主要包括知识的获取、知识的表达以及知识的运用和处理等三大方面，旨在建立模仿人类智能的专家系统。由于知识表达一直未能得到有效解决，长期以来进展不大。

有些人对“人工智能”的概念很反感，认为有机器代替人的倾向，感觉受到了极大的侮辱。但是换个角度，人工智能这种“可以把机器变得‘聪明’些”的方法能不能让人变得“更聪明”？能不能让组织和企业变得“更聪明”，更具“智能性”？答

人工智能泰斗爱德华·费根鲍姆

案是肯定的，于是在20世纪90年代，一部分研究知识工程的科学家开始研究知识管理。

这些科学家将知识理解为结构化和非结构化的文档，将知识管理主要聚焦于知识文档的创建、分类、存储等工作，关注信息管理系统、人工智能系统的设计和构建，以Internet和Intranet、数据库管理系统（DBMS）、群件技术、数据仓库和数据挖掘技术、多维度分析技术、文档管理技术、联机分析处理技术、工作流和共享等技术为基础，对企业知识进行电子化储存、共享和利用。毋庸置疑，这些工作大大加强了组织记忆，增加了共享程度，可是在建筑设计行业，这些工作的效果和人们的期望还有很大的距离。

建筑设计一直是属于“弱理论、强经验”的技术活动。知识重用（俗称“依葫芦画瓢”）一直是知识管理的重要组成部分，学术上称作基于实例的推理（Case-Based Reasoning，CBR），是人的一种基本认知行为。

经验不足的设计人员作为新手更多的是学习探索过去成功的设计实践和设计过程，以便在解决将来设计问题时应用这些经验。大多数时候，一个新的设计解是对已有设计问题的修改而获得的。

缺乏有效和高效表达的实例库资源和检索手段，设计师的知识重用，都是浅层次的自发活动。系统地采用知识重用来提高效率和效果，一直处于探索中。

基于BIM的知识表达

2002年以来，国际建筑行业兴起了围绕BIM为核心的建筑信息化应用。国际协同联盟IAI早在1995年就提出了面向对象的三维建筑产品数据IFC标准。IFC标准统一了建筑设计CAD的文件格式，极大地方便了数据库的创建和管理维护。

基于IFC标准的建筑信息模型BIM可以更全面、更深入地反映建筑物信息。该模型的基本元素不是CAD中的点、线、弧、图块等基本几何图元，而是墙、门窗、梁柱等建筑专业对象，使用建筑语言来描述建筑信息，所有的相关专业可以在同一个三维IFC建筑数据模型上进行协同设计（此处不展开）。建筑构件对象不但可以在不同视图中表现几何造型，而且可以包含一些与几何形状无关的特性，例如材料的容重、强度、耐火等级、传热系数，构件的造价、采购信息等。这些非几何信息对于建筑的全生命周期管理是非常重要的。此外，BIM 还可以包括一些二维 CAD 所无法表示的抽象概念，比如构件之间的拓扑连接关系，房屋空间的划分及其关系，这些信息对于结构分析，建筑能量消耗分析以及后期的物业管理来说都是非常有用的。总的来说，BIM 模型是一种新型的关系型数据结构，提供了单一的、完整一致的和逻辑的建筑信息库。

❖❖从数据的角度说，BIM 是新型的关系型数据结构；从运用角度讲，BIM 是信息存储、交换、挖掘和共享的平台。

基于情境的知识获取

2007 年，麻省理工学院（MIT）向世界著名的建筑师弗兰克·盖里提起“疏忽诉讼”，指控他设计的“史塔特中心”（Stata Center）由于提供了不完善的设计服务和图纸，出现了持续性的渗漏，要求赔偿 300 万美元。这幢乍一看像刚被轰炸过一样但被誉为美国多年来最著名的建筑物之一的建筑，到底怎么啦?

由于史塔特中心的建筑造型和传统建筑大相径庭，各种建筑构造套用标准做法是不足以解决实际问题的。非传统的建筑如何推陈出新？仅仅依靠“What”来匹配是远远不够的，必须通过边界条件的关联去探索“Why”。

传统的知识管理中，知识提炼是一个重要的环节。企业根据大量的工程实例，制订了大量标准图，供设计师重复使用。可每

迪斯尼音乐厅 BIM 模型

MIT史塔特中心

个标准图都有使用的前提，很多新手经常因为对前提理解和运用不当，知其然不知其所以然，弄出很多“东施效颦”般的错误。能否准确和快捷地进行关联已经成为设计知识重用面临的挑战性问题。

现阶段流行的解决方法是给设计知识建立基于关键词或词组的索引，然后再应用传统的搜索技术于这些索引或标注。尽管索引和标注大幅度提高了搜索效率，但依赖用户指定的关键词或词组进行搜索的技术，注定不可能有令人满意的准确度。因为单一关键词或词组远不能确切反映信息体内容的适用性和工作实践的查询需求，只能返回一般化的检索结果。

理想的解决办法是利用设计情境进行知识检索，目的在于以任务情境的结构化表示来确切描述设计知识的适用性和工作实践的查询需求，使准确和快捷地搜索到设计情境与当前设计工作相似的设计知识成为可能。但情境式检索不仅仅是检索技术的问题，更是知识表达的问题。

基于BIM的设计案例表达给基于设计情境的知识检索带来了可能。

基于海量数据的知识挖掘

以图纸为主要载体的设计案例（档案），主要依靠题目+摘要+关键词来搜索信息，一般来说查到图纸名称就戛然而止，以下的工作就是人工的了，搜索者仍然需要一张图纸一张图纸地搜寻他所要的信息。这就好比早先的文献检索，一旦摘要和关键词不够全面或不够专业，便很难获得全面的信息，很多重要的信息就此湮没。

传统档案示例

在现代的电子期刊库，除了早期纸质文献转换过来的尚未文本化的扫描件无法实现全文检索，绝大部分均可进行全文检索，获取信息的广度大大增加。

采用BIM模型进行组织的建筑档案，可检索的信息同样大大增加，可以进行各类信息的"全文检索"，快速定位到各种属性层次的构件。例如，可以迅速查找××层××厚的墙体，找到某类吸音材料等。

海量案例数据仓库的建立，使设计师可以通过数据挖掘（Data Mining）的技术，在庞大的数据库中找出有价值的隐藏事件，并且加以分析，获取有意义的信息作为进行决策的依据。例如设计项目中的工时定额，就可以根据项目性质、规模和任务完成的关键里程碑，从大量样本中遴选出来。

随着基于BIM模型的应用，建筑案例蕴涵的信息也从广度和深度的两方面迅速膨胀，既拓展到相关的其他领域，也深入到更细的层次。海量信息的提供，减小了知识获取成本，降低了跨界的门槛，夯实了创新的基础。

❖❖从数据的角度说，BIM是新型的关系型数据结构；从运用角度讲，BIM是信息存储、交换、挖掘和共享的平台。

后　记

1200多年前一个阳光明媚的早晨，诗人常建去常熟兴福寺游览。山光明净，深潭倒影，诗人觉得心境空灵，留下了两句脍炙人口的诗句："曲径通幽处，禅房花木深。"今天，BIM已经开始渗入建筑工程的各个阶段和各个领域，当基于BIM的知识管理在工作中无处不在的时候，大家一定也会涌起这样的感觉。

第二辑　主价值链篇

博学之，审问之，慎思之，明辨之，笃行之。

——《中庸》

零换乘和零等待

❖❖在节奏越来越快的今天，绝大部分来坐高铁的人是不愿意候车的，更没有心情在候车室里欣赏蓝天和白云。

上世纪80年代读大学的时候，有个云南保山的女同学，寒假基本上不回家过年。因为她从上海回到家里要先坐3天火车到省城，再坐3天汽车到县城，然后再坐3天拖拉机和牛车到家里，到了家里的第二天就要准备回程，才能准时在注册的时间到校，短短的20天寒假也就刚够她一个来回的时间。交通不便和换乘辛苦，给我们留下了深刻的印象。毕业20周年聚会时，谈及此事，恍如昨日。

随着大型交通枢纽的不断新建，一个很诱人的词语频频见诸报端——“零换乘”。一个“零”字把市民们的心撩拨得痒痒的，以为交通的幸福将会像花儿一样。从字面上解释，零换乘，是“零距离换乘”的简称，就是指将地铁、城铁、公交、出租车等不同客运方式的换车地点，整合在一个交通枢纽里，使乘客不出这个枢纽就能改乘其他的交通工具。换句话说，就是将机场、火车站、汽车站造在一起，让大家免受奔波之苦。

可是交通枢纽太大了，“零距离”或“无缝连接”的愿望的实现也不那么现实。上海虹桥交通枢纽26平方千米的区域内，从空港到长途客运，地铁要坐两站。在北京T3航站楼，国内转国际也要坐捷运。同一屋檐下，就算零距离，委实有点幽默。

近年来，各行各业都兴起一股“零”（Zero）热。物流讲零库存（Inventory），质量讲零缺陷（Defects），服务讲零距离（Gap），学习讲零滞后（Lag），流程讲零障碍（Resistance），沟通讲零排斥（Exclusion），交通设计讲零换乘（Transfer），那么多的“零”，让人一头雾水。其实“零××”也只是手段，背后的驱动是“最低综合成本”（Cost）。

建筑设计的大学学习中，有一个加油站的课程设计。教师通常会询问学生，来加油的司机最想做的事情是什么？答案是尽快离开。所以设计的本质就是要帮助司机们高效地实现这个愿望，

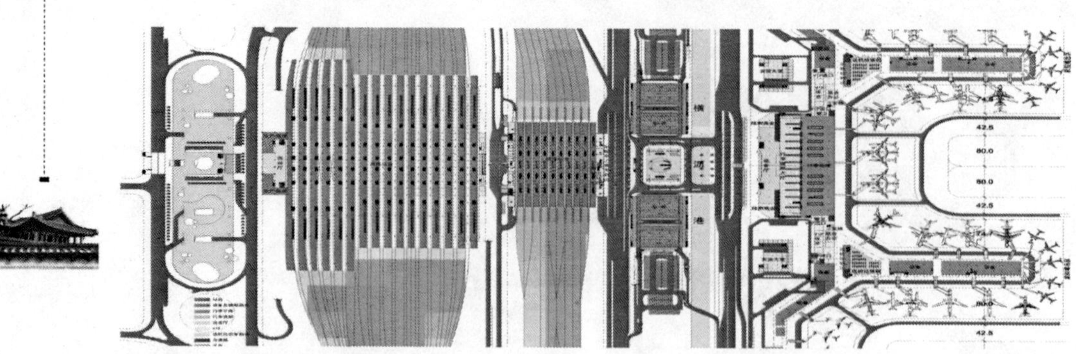
上海虹桥综合交通枢纽平面图

也就是“零等待”的期望。老百姓出行，也是如此，他们最怕的就是无休止的堵车，最怕的就是“空中管制”，最怕的就是“流量控制”，最怕的就是“技术原因的延误”，很少有人长时间地呆在候客大厅里面而感到无比愉悦的。

在日本乘坐新干线，除了快速，最大的感受就是准时。我曾经按照中国的经验，早早买好了票，提早 10 分钟进了站台，列车进站后，从容地对号入座坐下，到站后才发现上早了一班车，提前了 5 分钟。同行的朋友说，就是晚到 5 分钟，也没有关系。

我国的高铁发展异常迅猛，4 万亿的国家投资有 6000 亿投在了铁路建设上，铁道部也要打造一批百年经典客站。有个小插曲，颇可玩味。某高铁候车大厅在设计过程中，主管部门要求乘客在候车室，抬头能够望见蓝天白云，愉悦地候车。于是引起了一系列节能和遮阳的难题。其实，在节奏越来越快的今天，绝大部分来坐高铁的人是不愿意候车的，更没有心情在候车室里欣赏蓝天和白云。

❈❈在竞争日趋激烈的今天，差别就体现在细节上。更「细」的组织或个人往往显得特别「专业」，而这种「专业」是「钻研」出来的。

专业与钻研

操江浙方言的人学习普通话的时候，最头痛的莫过于如何辨识平舌音（z、c、s）与翘舌音（zh、ch、sh），如何辨识前鼻音（-n）与后鼻音（-ng）。我觉得其难度比起一头肥猪掌握跳芭蕾舞的技巧还有过之而无不及。高考时的注音是天然的丢分项。使用电脑后，往往找一个词需要好几分钟，拼音输入法成为影响我工作效率的最大瓶颈。

不知道是谁发明了模糊拼音输入法、不完整拼音输入和联想输入法，真真是以人为本加和谐社会，对于我个人而言，这完全可以列入影响我个人工作与生活的十大发明之一。虽说把我在高考前费了九牛二虎之力记住的几个正确注音废个精光，且往往落为北方同事的笑柄，但毕竟好处多多。其中大量的“谐音”词语，给我带来无穷的乐趣。现在不太流行“射虎”了，不然对付那些“粉底格”、“皓首格”真是小菜一碟。

前一阵单位实行专业化改革，于是也整天输入打印，忙个不亦乐乎。一天照例输入“Z+Y”，不知怎么回事，鬼使神差般出来的是“钻研”，当下浮想联翩起来。

现在比较强调开阔视野，著名的论点是“眼低手必低”。对于闭塞了许多年的我们，这确实是个很重要的前提，但这只是一个必要条件。有战略未必执行力强，所谓“眼高手低”。

时下的战略家们，言必称安索夫和斯坦纳，几句话中都要带上“组织和社会”。其实，德鲁克老先生的三部曲，四书五经早就说过了，不但指出了“修身、齐家、治国、平天下”的战略方向，还一并提供“正心、诚意、格物、致知”的战术方法，以提高执行力。以我一个工程师的理解，格物致知大概能和“刻苦钻研”挂上钩了。

儿子的小学课本上有篇课文，说莫泊桑年轻时因为自己的文章不生动而去请教福楼拜。福楼拜要求他站在自家门口，把每天看到的许

作家莫泊桑

多马车经过的情况，都详详细细地记录下来，而且要长期坚持下去。莫泊桑站着看了3天马车，只觉得很单调，没看出什么东西，没有什么好写的，就再次来请教福楼拜。福楼拜启发他，注意观察并写清楚不同马车的不同走法，马车在不同天气的不同走法，马车怎样上下坡，车下坡时赶车人怎样吆喝，表情是什么样等。莫泊桑如醍醐灌顶，从此佳作连连。从中可以发现，莫泊桑的苦恼，其实是因为他的观察能力和把握细节的能力太业余，或者说理解和体会的基本功还差得太远。

从莫同志的表现看，他已经“真心诚意”了，可还没意识到需要“格物致知”。经福大师一点拨，莫同志立马开窍，从此“物格而后知至，知至而后意诚，意诚而后心正，心正而后身修，身修而后家齐，家齐而后国治，国治而后天下平”，顺利进入文学的最高殿堂，扬名立万，成为一代宗师。

所以，钻研或者格物的秘诀在于探究细节。在竞争日趋激烈的今天，组织或个人大的方面看不出什么差别，差别就体现在细节上。更“细”的组织或个人往往显得特别“专业”，而这种“专业”是“钻研”出来的。

❖❖「饥」可耐而「急」不可耐。「内急」是每个人随时都会遇到的障碍。什么时候想「方便」而很方便，这个社会就真正「以人为本」了。

研技發術 “方便”的方便

卫生设备爱好者曾把抽水马桶誉为人类历史上最为伟大的发明之一，“急过”的人们多半会宽容这种狂热。参观世博会日本产业馆的客人，有10%的概率能够获得“洗手间体验券”，持券的客人可以免费体验“世界最舒适卫生间”，展区里还安装有“金马桶”，引起了广泛的热议。

当人类还处于游牧生存状态时，大地就是他们的厕所，当身体需要的时候，他们随时可以如厕。革命战争时期，领袖的厕所也就是警卫员背上的铁锹。人类在建立了文明之后，就开始考虑改善卫生条件，可以说文明程度越高，社会越发达，环境也越整洁。

早在公元前2000年，希腊克里特岛人使用的是有蓄水池和排水口的厕所，并拥有了一套完善的排水系统。当时的埃及人和罗马人也都用上了这样的厕所。

可同时期中国的卫生设施实在是太简陋——就在坑上搁两块踏脚板。据《左传》记载，晋景公如厕时，不慎跌进粪坑而死，这可能是历史上第一个有文字记载的殉难于厕所的君主。这类悲剧一直延续到上世纪，国内还有报道大学生因抢救跌入粪坑的老翁而不幸遇难的。

古罗马的公共厕所

从广阔的天地进入拥挤的城市，人们就不能择地而遗了。特别是在熙熙攘攘的大街上，当十万火急的时候，就有人因为三五里不见一个厕所，当机立断，找个墙角“现场办公”。其实早在路易十四时期，巴黎便有经营性流动厕所，经营者拿着锡制马桶和一块大布在街头喊："谁都知道该做什么了吧？只要两个苏。"交钱之后，经营者便会用大布罩将人从上到下罩住，好在大庭广众之下随意方便。

记忆中70年代的上海街头，到处都是露天的小便池，男人可随时小便，而且相当宽敞，稍有好奇心的人，很方便即可一览无遗。女同胞怎么办？限于当时的思维水平，本人未作进一步的探究。改革开放后，这些"有碍观瞻"甚至"有伤风化"的设施被逐步清除，现在的上海，这些历史遗迹已经很难寻觅了。

欧洲大陆的厕所大都是收费的，巴黎的最贵，每次如厕从半欧元到3欧元不等，差不多可加大半升汽油，或买一大瓶矿泉水。进出口费用如此悬殊，便有很多逐利之徒随地便溺。香榭里榭大道的树下街角，便迹斑斑，实乃花都之一大败笔。但法兰西人生性不拘小节，不以为然。

德国高速公路的厕所收费最合理，交了半欧元以后，会打出一张收条，可在所有高速公路超市中等值使用。这是本人看到的最合理的如厕制度设计。

某次出差公干，漫步英国街头，猛然发现几个眼熟的，很能唤起回忆的东西。细看之下，竟是街头公厕，再细究之下，便甘冒"崇洋媚外"之大不韪，为洋人美言几句。

不列颠不愧为创意之都。以前读过克里斯滕森的《颠覆性创新》，不过是隔靴搔痒，今见此活例，却是创新佳证。此露天公厕

曼彻斯特街头公共厕所

设计之巧妙，令人拍案叫绝。利用人体自身的围合与前倾，自然而然地把关键部位围合得密不透风，360°的严丝合缝，有效地解决了人们担心被偷窥的心理障碍。这种露天厕所，占地面积小，重量轻，易移动，使用灵活，包括安装费在内，成本仅千余元RMB，既环保节能，又经济合理。笔者亲身模拟了一次，效果相当不错。几位研究无障碍（Barrier free）的专家戏称这也是“无障碍”设施的典范，把“以人为本”体现得淋漓尽致。

将绅士风度追求到极致的英国人，也对这种如厕方式习以为常。伦敦街头，这样的露天厕所随处可见。对比起上海世博园区的豪华厕所，什么叫作创意，什么叫作设计，什么叫作可持续发展，答案一目了然。根据资料记载，2009年，重庆洋人街也引进这种厕所，但基本无人如厕。大部分市民将其作为特殊建筑物，倚在旁边摄影留念，令人哭笑不得。

❖❖“饥”可耐而“急”不可耐。“内急”是每个人随时都会遇到的障碍。什么时候想“方便”而很方便，这个社会就真正“以人为本”了。

在美国和加拿大，卫生间则叫作rest room或wash room，不仅可以洗手，还可以化妆，还可以休息，设施也相当好，提供手纸甚至婴儿纸尿片，洗手、烘干的设备一应俱全，相当方便。在所有的公厕，还备有一种坐垫纸，政府对其公民的卫生和健康的重视可见一斑。收费？对老美来说，当一个人快要上蹿下跳的时候还要他掏钱，会引起全社会的公愤。

还是那几位研究无障碍专家戏称“饥”可耐而“急”不可耐。“内急”是每个人随时都会遇到的障碍，什么时候想“方便”而很方便，这个社会就真正“以人为本”了。

刚柔相济

很多着迷武术的人都喜欢以柔克刚，喜欢四两拨千斤，喜欢看眼花缭乱中华武术的太极拳和八卦掌把五大三粗的西洋武士打得落花流水。这些小说和电影中的情节确实很具观赏性，而且隐含了“低投入高回报”的诱惑，颇具吸引力。但实际上这就像希望中彩一样，有点博小概率事件的味道。

武术迷的不顾现实，可以解释成浪漫、有想象。工程师们的不切实际则会带来巨大的灾难。

汶川地震中底层承重墙被敲的震害

上世纪五六十年代，一批前苏联和东欧的学者也开始迷恋起“以柔克刚”的楼房，提出了柔性底层房屋的方案，上部全部为剪力墙，下部全部为框架的房屋结构，认为“柔性”的底层框架有利于隔震，因而当时兴建了不少这样的建筑。但是1964年前南斯拉夫可比耶地震，这类房屋倒塌或破坏严重；1978年，罗马尼亚布加勒斯特地震中，许多这样的住宅建筑由于底层破坏而倒塌；1988年前苏联亚美尼亚的地震，这类房屋更是几乎全军覆没；1999年台湾集集地震和2008年汶川地震中，也有部分类似建筑的破坏。始作俑者的那些学者们太相信那些计算了，其实无论是钢筋混凝土框架还是剪力墙，都属于刚性和脆性的材料，把混凝土框架根据计算结果定义成柔性去抵抗尚未搞清机理的地震，多么可笑的想当然。成千上万的人的性命就断送在这些想当然的计算上。

但并不是说工程中的“以柔克刚”就完全不可实现了，现代

荷兰水上房屋

结构的橡胶支座隔震和滑移隔震的效果就好得多，那是系统的研究、科学的试验的结果，真正地做到了刚柔相济。

荷兰的地势低平，1/4 的国土面积位于海平面以下，一部荷兰发展史就是与海水抗争的历史。荷兰人经过几个世纪的艰苦努力终于建成了总长度达 1800 千米的堤坝，围海造田达 70 万公顷。1932 年完工的拦海大堤宽 90 米，高出海平面 10 米。但 1953 年 2 月，春潮与风暴同时袭来，海水倒灌，淹没了荷兰 5.7%的国土（14.5 万公顷），近 2000 人死亡，近 5 万座房屋被摧毁。荷兰政府启动了规模宏大的三角洲工程，在鹿特丹以南的海湾之间修建水坝、防洪坝等 12 个大型防洪项目。工程专家设计了开放式方案，在 65 个高度为 30~40 米重量为 1.8 万吨的坝墩上安装 62 个活动钢板闸门。由于该项工程难度大，被称为“登月行动”，真是与水斗，其乐无穷。

从上世纪 90 年代开始，在全球变暖，冰山融化和城市不断扩张的今天，荷兰人开始反思，他们知道不可能将水永远关在门外，水高一尺、坝高一丈的工程也不可能一直持续下去。于是他们换了一种思路，在水上造房子。

荷兰兴建了不少水上社区，水上超市、水上咖啡馆、水上博物馆等都陆续在荷兰建了起来。水上房子可以随着水位的上升或下降而上下移动，但不会前后移动，人住在房子里不会摇晃，不会“晕房”。荷兰不再与水为敌，而是化敌为友，与水结盟，颇有点练就“移花接木”武功的架势，深得刚柔相济之妙。

❖❖荷兰不再与水为敌，而是化敌为友，与水结盟，颇有点练就『移花接木』武功的架势，深得刚柔相济之妙。

泰恩河上的咏叹调

泰恩河是英国东北部的一条河流，流经泰恩威尔郡，向东几十里注入北海。河的两岸是双子工业城市纽卡斯尔（Newcastle）和盖茨亥德（Gateshead），连接这两座城市的就是跨越泰恩河的一座座桥梁。

纽卡斯尔位于泰恩河北岸，全名是泰恩河畔的纽卡斯尔（Newcastle upon Tyne），英国19世纪工业革命的前沿阵地，英格兰东部第一大港。1814年，罗伯特·史蒂文森在这里造出了蒸汽机车，被尊为“火车之父”。1879年，约瑟夫·斯万和爱迪生同时但各自独立地发明了电灯泡。19世纪，纽卡斯尔赢得了“活力之城”的美誉。

纽卡斯尔的名片还有英超的老牌劲旅“纽卡斯尔联队”，它是英国乃至是欧洲成立最早的足球俱乐部之一。这支身穿黑白线条传统球衣的球队的吉祥物是黑白两色的喜鹊，以其敢打敢拼被

盖茨亥德千禧桥

开启时的千禧桥

球迷们亲切地称为“不死鸟”，数次在联赛、足总杯中折桂，还获得过联盟杯的冠军。纽卡斯尔队最近一次的复兴是1995/1996赛季，著名球星基冈任主教练期间，一度领先宿敌曼联达14分之多，但最终屈居亚军，成就了曼联联赛史上最著名逆转。虽然那个赛季一直使“喜鹊”球迷们的心隐隐作痛，但活力四射的“不死鸟”永远承载着他们的希望和梦想。

❀❀千禧桥和泰恩桥像两把巨大的琴弓，不息的河水就是那历经沧桑的琴弦，仿佛在演奏着时代变迁的咏叹调。

泰恩桥于1925开始建造，是一座全钢结构的拱桥，全长389米，主跨度为162米，桥面宽17米，桥面净空26米。该桥的设计仿照了纽约的Hell Gate大桥和悉尼的Sydney Harbour大桥。在1928年2月的落成仪式上，国王乔治五世和玛丽王后乘坐马车第一个通过了桥面。大桥从竣工至今一直漆成绿色，和周围的环境相得益彰，工业时代钢铁巨构的象征，是纽卡斯尔人的骄傲。

纽卡斯尔是郡府，经济比较发达。南岸的盖茨亥德发展相对缓慢。盖茨亥德市政当局建造了一批标志性文化艺术休闲设施，包括由诺曼·福斯特设计的The Sage Gateshead音乐中心，来促进盖茨亥德河滨区的开发，使之和纽卡斯尔河岸遥相呼应。为了进一步加强两岸人们的往来，盖茨亥德委托Wilkinson Eyre建筑师事务所设计一座引人入胜的全新步行桥来架通两岸，这就是著名的“盖茨亥德千禧桥”。70多年后，泰恩河上又跨越了一条美丽的彩虹。

承担千禧桥结构设计的是Gifford · Graham&Partners事务所。千禧桥是由两个巨拱组合而成的自平衡结构。承载拱的截面由桥面和栏杆组成槽形断面，平衡拱的断面是箱形钢管，双拱以张拉钢索相连。大桥全长126米，净跨106米，桥面宽8米，平时水平地跨在河上，供行人和自行车来往，普通小船可以直接穿过弧桥下面通行。遇到高大的船只不能直接通过时，这弧形桥可以侧旋45°，提升出足够的净空。千禧桥的一开一合，恰似一位美人对着河两岸的美丽建筑在款款深情地“眨眼”，所以赢得了“眨眼

桥”的雅号。

寸土寸金的纽卡斯尔和盖茨亥德已很难负担泰恩桥那种高大桥梁所需的土地资源。桥梁既不能成为河道上的千寻铁锁，又要让渡河者路径最短，还要成为城市的美丽景观。千禧桥无疑在功能、经济、造型上都取得了完美的平衡。千禧桥重量仅为850吨，不到泰恩桥的1/8。其动力系统的设计非常先进，旋转一次所需的能源大约与一辆丰田佳美轿车行驶15分钟所消耗相当，所需的能源费用折合人民币约50元，可谓四两拨千斤。

足球三部曲《一球成名》的第一部，就是在纽卡斯尔展开的。男主角圣地亚哥时而奔跑在泰恩桥上，时而漫步在千禧桥上，双桥成了他从丑小鸭出落成白天鹅的见证。

双桥的故事是最容易引起人感慨的。陈逸飞1983年描摹周庄双桥的油画《故乡的回忆》，满含着文化寻根的追觅与诉求。地球彼端的双桥，也是一种跨越时空的唱和吧。

传说明朝开国皇帝朱元璋定都南京后，曾微服登临燕子矶，留诗一首：“燕子矶兮一秤砣，长虹作杆又如何？天边弯月是挂钩，称我江山有几多。”充满了舍我其谁的气概。我站在泰恩河的一角，仿佛听到了巴赫那首著名的《G弦上的咏叹调》。在缓慢、极富内涵的低音伴奏下，G弦特有的浑厚、丰满音色，使小提琴的旋律悠长而庄重，纯朴而典雅，营造出祈祷般恬静的气氛，意境悠远而抒情。

远远望去，千禧桥和泰恩桥像两把巨大的琴弓，横跨在泰恩河上，不息的河水就是那历经沧桑的琴弦，仿佛在演奏着时代变迁的咏叹调。

艺术的通感

❀❀音乐、建筑、文学、足球暗示了时间的衰老和时间的新生，暗示了空间的瞬息万变，经历了段落的开始，情感的跌宕起伏，高潮的推出和结束时的回响。

古希腊数学家毕达哥拉斯（Pythagoras）大概是第一个表现声音与数字比例对应关系的人。他率先建立了日后成为西方音乐基础的数学学说，发现了音乐中和谐音程之间的数学关系。毕达哥拉斯在他的哲学中区别了3种音乐：musica instrumentalis（器乐）；musica humana（人的音乐）和musica mundane（宇宙音乐）。

古希腊数学家毕达哥拉斯画像

文艺复兴时期的天文学家开普（Kepler）在他的著作的《宇宙的和谐》中提出了著名的行星运动三定律，研究了行星在轨道上的加速和减速等问题。他相信能够从中得出天体的音乐的真正的音符，尽管这种音乐只能为心智所理解而不能被耳朵听到。前辈大师在他们的领域中和音乐交融得淋漓尽致，无以复加。

音乐是时间艺术，建筑是造型艺术，“音乐是流动的建筑，建筑是凝固的音乐”常被引用来表达两类艺术的相通。足球是时空艺术，表演艺术，兼有造型和行为的特点，人称足球比赛为球场上的音乐会。对他们的喜爱和欣赏，会经历从赏心悦目到由形得神，从心领神会到渐入佳境，从心驰神往到悟其意蕴的境界。

饱受争议的球王马拉多纳，是魔鬼和天使的复合体。1986年的墨西哥世界杯上，他用手把球攻入了英格兰队的球门。也是在同一场比赛，他带球面对多名后卫的防守，连过5人，“无中生有”创造机会，一个人摧毁了对手的一整套防守体系，被称作“世纪之球”。他盘带的双腿仿佛在演奏家老柴“一钢”的第一乐章，极为庄严而不太快的快板，展现的是极其雄壮和辉煌的主题，层层推进，激动人心。多年后，我在陆家嘴看着节节拔起的金茂大厦，又感到了那种一往无前的傲然之心。

还是阿根廷队，2006 年德国世界杯，里克尔梅、索里以及罗德里格斯在左路进行了 23 次短传，其间对手没有碰到过一次皮球，萨维奥拉拿球提速、转移到中间，坎比亚索一脚垫到禁区内，克雷斯波直接脚后跟留到空档，坎比亚索插上把球送入网底。阿根廷人仿佛在挥洒地诠释着莫扎特的 C 大调第 21 号钢琴协奏曲，始终优美如歌的行板和充满奔腾般精神的主题，行云流水，酣畅淋漓。我在福斯特设计大英博物馆中庭也体验过这种感觉，温暖的阳光透过淡绿色的格构洒在中庭里，华丽而绵密。

大英博物馆中庭网格

英国人不但用建筑，同样用他们的脚弓进行着艺术的创作。“万人迷”贝克汉姆在 2002 年韩日世界杯预选赛对希腊队的最后加时阶段，35 码外一记迷醉世界的绝妙的弧线任意球破门，帮助英格兰队直接晋级。那被称为圆月弯刀式“贝式弧线”，宛如《“惊愕”交响曲》第二乐章中全部乐器突然以很强的力度爆发出滚过天边的惊雷，让我联想起横亘两岸的盖茨亥德千禧桥，有着让一切戛然而止的感觉。

三种艺术的基本要素是非常类似的，如果把表现音乐、足球、建筑表现载体用乐队、足球队和建筑物来表示的话，它们各自的协调人就是指挥、教练和建筑师；球队各个位置前锋、中场、后位，则与乐队中的各个声部弦乐、管乐、打击乐，与建筑中的基础、梁柱、门窗、屋盖相对应；足球的四四二或四三三等阵式，与乐队的声部组合相仿佛，而那些精妙的进球就好比建筑工程中最容易让人感动的塔、网、桥……

作家余华在他的散文集《音乐影响了我的写作》中写道：

音乐的叙述和文学的叙述有时候是如此的相似，它们都暗示了时间的衰老和时间的新生，暗示了空间的瞬息万变，它们都经历了段落的开始，情感的跌宕起伏，高潮的推出和结束时的回响。音乐中的强弱和渐强渐弱，如同文学中的浓淡之分；音乐中的和声，就像文学中多层次的对话和描写；音乐中的华彩段，就像文学中富丽堂皇的排比句……

足球和建筑的表达又何尝不是呢？

❖❖很多工程师认为，只要你遵照规范，出了事故，也属『天灾』，老天是『罪魁』；要是你不遵照规范，出了事故，就是人祸，你就是『祸首』。其实未必尽然，很多因素不是规范能够涵盖的。

规范的变迁

学校毕业刚进设计院，第一件事情就是领工具，领规范。印象最深的，除了针管笔圆规、计算器外，就是那厚厚一大摞、到现在为止也没有完全看完的规范。

在学校里接触的“规范”，基本上属于纸上谈兵。回忆中除了某门学科的老师因为是某本规范的编制者，发了一本当教材以外，其他所谓规范的内容都是零零碎碎摘录在课本里。对这个词虽然不陌生，但工作后发现，基本没搞懂。

开始做设计后才发现，规范对于设计师，简直就是命根子。除了它是设计的依据和参考，极重要的是因为它可以免责，是设计师职业生涯安全的保证。很多工程师认为，只要你遵照规范设计，特别是强制性规范，哪怕出了事故，也属“天灾”，老天是“罪魁”；要是你不遵照规范，出了事故，就是人祸，你就是“祸首”。如果你不遵照的是强制性规范，即使不出事故，按照有关条例，理论上可以罚得你血本无归，虽然还没有记录显示曾经执行过。

多年以后才知道，其实未必尽然，工程师的判断力才是第一要义，很多因素不是规范能够涵盖的。

要执行好规范，必须对规范的条文有深刻的理解，需要咬文嚼字，也需要从总体上去理解，最好的办法是前后的条文对照着理解。我刚工作的时候，规范条文说明是单印成册的，上面印着“仅供内部参考”的黑体字，书店这种正常渠道是买不到的，能够获得的都是副主任工程师以上有级别的技术干部。我到现在也没有搞清我当时是否属于“内部”范围，也没有把自己当成“外人”，厚着脸皮去总师们的书架上翻着看。

规范的条文都是特枯燥的，如果没有实际工程需求对应，是很难看得下去的。而某些条文如果正好能够针对性地解决实际工程中的难题，你才会甘若醴酪如闻仙乐般地阅读下去。一般来说，主力规范都要和条文说明、编制说明，理解指南、应用详解、参考文献等合成一个体系。但不是所有的设计师都会主动去看后面那些帮助理解的资料的，抱着一本规范断章取义地干啃的也大有人在。

后来有机会读到了国外的一些规范，才感叹国外规范编制者的细心和以人为本。美国的一些规范，同一页纸上，左边是条文，右边是条文说明，一一对应，哪怕条文很长或说明很长，也是严格对齐。还有一些规范，是夹叙夹议式的，每条条文下都有拉灰的说明，真真让人感觉美好，这也就是所谓的用户体验吧。相信国内的规范编制者参考过这类规范的为数不少，但能够考虑到通过有效编排降低用户学习成本，提高理解效果的却是不多。

所以真正能对眼的规范总是少数，绝大部分都是“传说中的经典”。日前办公室搬迁，把工作中积累多年的规范打包，总共有几百本之多，满满三大箱，有的规范已经变迁了四版。浏览了一遍，仔细反复阅读的也就几十本，很多规范是崭新的，只是因为我的岗位而配置的，有的甚至连看都没看就失效了，想起刚入行的时候翻老总书架，不禁苦笑：“规范非借不能读也。”

规范中同一主题的非常多，国家规范，行业规范，地方规范，企业也编制要点说明。规范是人制订的，智者千虑，必有一失，规范有些漏洞，规范间有些冲突是很难避免的，规范进入了爆炸期，设计师面对的问题从缺少规范到如何在海量规范中高效地正确理解规范。

常规的纸质资料，已经无法应对这个问题了。随着技术的高速发展，学科的不断细化和交叉，一个常规的专业面对的各类国家、行

STRUCTURAL CONCRETE BUILDING CODE/COMMENTARY 318-73

CODE	COMMENTARY
	(NVLAP), Cement and Concrete Reference Laboratory (CCRL), or their equivalent.
5.6.4 — Field-cured specimens	**R5.6.4 — Field-cured specimens**
5.6.4.1 — If required by the building official, results of strength tests of cylinders cured under field conditions shall be provided.	**R5.6.4.1** — Strength tests of cylinders cured under field conditions may be required to check the adequacy of curing and protection of concrete in the structure.
5.6.4.2 — Field-cured cylinders shall be cured under field conditions in accordance with ASTM C31.	
5.6.4.3 — Field-cured test cylinders shall be molded at the same time and from the same samples as laboratory-cured test cylinders.	
5.6.4.4 — Procedures for protecting and curing concrete shall be improved when strength of field-cured cylinders at test age designated for determination of f_c' is less than 85 percent of that of companion	**R5.6.4.4** — Positive guidance is provided in the Code concerning the interpretation of tests of field-cured cylinders. Research has shown that cylinders protected and cured to simulate good field practice should test not less than about

ACI混凝土结构规范示例

作者与花如中主任讨论数字标准库

业、地方的标准规范有上千本之多，一个十几个专业的设计院设计的规范摞起来比 30 层楼还要高，运用有效的数据平台去管理势在必行。

在公司负责知识管理，公司业务种类众多，区域遍布全国，于是引进了数字标准库（比“规范”含义更大的是“技术标准”），图书库和期刊库，打造一个真正意义的“中央书房”。数字标准库引入后，我那几百本规范，除了常用的手边书，统统捐给了图书馆当文物了，只要有网络，天涯若比邻。

数字标准的最大好处是数据化处理，原先的传统阅读的“书本处理”和“书页处理”一下子就变成了“数据处理”和“字符处理”。原先眼大漏神翻找不得的情况，让全文检索功能轻易解决，以前没有注意的也一一浮现，当真是精细化处理。记得钱钟书先生形容自己当年横扫清华图书馆的感觉是：“左右逢源，辗转相生。”笔者无比神往而不得要领，数字标准让笔者真切地获得了这种体验。

※※很多工程师认为，只要你遵照规范，出了事故，也属『天灾』，老天是『罪魁』；要是你不遵照规范，出了事故，就是人祸，你就是『祸首』。其实未必尽然，很多因素不是规范能够涵盖的。

诚实的设计

“诚实”，简而言之“忠诚于事实”，是每个孩子开始启蒙教育时最早接触的词语之一。对它最简单的解释是“不欺骗、不撒谎”。它是各类学生守则、员工手册中的高频词，被归于品德和态度一类。

诚实的学术性表述是“真实表达主体所拥有信息的行为”。根据这个表述，摸象的盲人们是诚实的，至少他们如实还原了自身器官的感受，但由于还原逻辑的错误，他们的表述是虚假的。如此看来，诚实作为一种行为的结果，是对事实的忠实和还原逻辑的正确的综合，两者只要有一个不靠谱，就不能称其为诚实。诚实是需要训练的能力。

《科学素养的基准》封面

汉朝名将李广出生名门，其先祖早在前朝就威名赫赫，是个不折不扣的贵族后代。除了出生高贵，武艺也很了得，其骑术和箭术在那个时代独步天下，人称“飞将军”，知名度极广，极具明星气质，后世都把他当做汉朝第一壮士。近千年后的梁山第一射手花荣，也以被称作“小李广”而倍感荣耀。

李广的传奇事迹数不胜数，比如把石头当做老虎一箭射入，比如被匈奴俘获孤身逃回，为他树立了“孤胆英雄”的形象，广为传诵。然而李广有个终身的遗憾，名气大归大，生前始终未能封侯。

因为汉朝奖励战功仍是以斩敌首级来论功封赏，杀敌以及俘敌数量达到了某个硬标准，才能获得封侯。所以，无论李广的行为多么牛×，汉武帝绝不通融破格，以至于李广的很多部下都封了侯，老将军还只有扼腕的份。比起现代某些管理部门脑袋一热就把“棋圣”的称号授予连世界冠军都没有获得过的棋手，古人的“诚实”让人佩服。

诚实的第一个要素是以事实为依据，这也是包括法理在内的很多领域的基本原则，也是知易行难的原则。在美国科学促进会推出的《科学素养的基准》一书中，描述的科学素养之一是：“基于确凿的证据、并具有逻辑说服力的关于事物的机理或行为的论点。”这是科学家关于诚实的论述。

❖❖诚实是包括法理在内的很多领域的基本原则，也是知易行难的原则。迪特尔·拉姆斯提出「设计十诚」之一就是「优秀的设计是诚实的」。

备受乔布斯推崇的德国设计大师迪特尔·拉姆斯（Dieter Rams）早年就学于威斯巴登艺术学院，学习建筑学和室内设计专业。他后来跟从建筑师奥托阿佩尔工作，再后来进入了博朗公司，开始日益关注他周围“形状、颜色和噪音的难以理解的混乱不堪”的世界，提出他认为好的设计应该具备的10条标准，被尊为“设计十诫”：

1. 优秀的设计应该是创新的；
2. 优秀的设计让产品更加实用；
3. 优秀的设计是美的；
4. 优秀的设计使产品更容易被读懂；
5. 优秀的设计是谦虚的；
6. 优秀的设计是诚实的；
7. 优秀的设计经得起岁月的考验；
8. 优秀的设计是考虑周到并且不放过每个细节的；
9. 优秀的设计是关怀环境的；
10. 优秀的设计是简洁的。

其中在很多场合，他一再强调的就是第6条“优秀的设计是诚实的”。

上世纪八九十年代，国内企业推行ISO 9000系列标准，时至今日，失败案例数不胜数。究其原因，很多企业没有遵守它的基本原则之一“基于事实的决策”，也就是缺乏诚实的能力。

莫言获得诺奖，让国人欢呼雀跃。我却有了另一种的担心，可以夸大，可以魔幻的文学作品的获奖，会不会让我们诚实的能力越发退化，离科学的诺奖越来越远？

理解与分解

儿子学数学，一直挺自信，学到因式分解的时候，开始有些头痛了，因为它不像整式相乘，只要仔细就行了，而是需要技巧。因式分解方法灵活，技巧性强，对观察能力和思维要求很高。因式分解要求孩子掌握一定的模式，去灵活地逆转匹配。学微积分，求解不定积分的能力和因式分解一脉相承。

管理学家弗雷德里克·温斯洛·泰勒

"解"在生活和工作中也是一个常用的方法，只是运用巧妙各有不同。"善解人意"讲的是理念，"解铃还须系铃人"讲的是思维，"迎刃而解"讲的是效果，"庖丁解牛"讲的是技巧。

中国古代有一个叫丁的厨师，割了十几年牛肉以后，技术变得相当牛×，他自称看到的牛都是牛肉的组合，割肉就是顺着肉块组合的空隙，把肉块卸下来而已，用现代语言，叫作"解构"。后人给他的美誉是"目无全牛"。他的老板梁惠王悟出了养生之道——凡事不要硬碰硬，避开矛盾。教育家看到的是经验的积累，企业家看到的是高效率，经济学家看到的是成本的边际投入。

1773年，英格兰斯塔福德郡的韦奇伍德陶瓷厂接到了一份一年内制作一套952件的米白色餐具的订单，下单者是俄国女皇叶卡捷琳娜二世。这么大的量，这么短的时间，用传统的眼光看是不可能的。一年后，厂主乔赛亚用1244幅工笔画交出了一张完美的答卷，这位制陶工出身的企业家革新了生产流程，把原先一个人从头到尾完成的制陶工作分成了十几道工序，韦奇伍德工厂从此名声大噪。顺便说一句，这个从此富足起来的家族日后还孕育了一位大科学家，进化论的奠基人查尔斯·罗伯特·达尔文。

1898年，美国人弗雷德里克·温斯洛·泰勒在伯利恒钢铁公司进行了著名的“搬运生铁块试验”和“铁锹试验”。他把工人的工作过程分解为许多个动作，并记录完成每一个动作所消耗的时间，然后，除去动作中多余的和不合理的部分，把最经济的、效率最高的动作集中起来，确定标准的作业方法。这些实验为他赢得了“科学管理之父”的尊称。1913年，福特创立汽车装配流水线，在海兰园设立了第一条总装线，几乎使汽车装配速度提高了8倍。

❖亚历山大远征波斯时，耗费多日也没有解开『戈尔迪死结』。一日，他突然灵光一现，挥剑将此死结劈成两半，以自己的方式解开了。突破和创造规则的人更加牛×。

项目管理中，创建工作分解结构（WBS）是把项目可交付成果和项目工作分解成较小的，更易于管理的组成部分的过程。WBS是项目最重要的内容之一，是制定进度计划、资源需求、成本预算、风险管理计划和采购计划等的重要基础。一个完备的WBS可以让项目管控者未雨绸缪，胸有成竹。

“现代计算机之父”约翰·冯·诺依曼在“二战”中参与了同反法西斯战争有关的多项科学研究计划，并担任了制造原子弹的顾问。他多年的老友，原子能委员会主席斯特劳斯曾对他作过这样的评价：“冯·诺依曼有一种使人望尘莫及的能力，最困难的问题到他手里，都会被分解成一件件看起来十分简单的事情，……用这种办法，他大大地促进了原子能委员会的工作。”

“解”很重要，可是解得透彻，解得合理也不是那么容易。据说小亚细亚弗里基国王戈尔迪打了一个分辨不出头尾的死结，并预言解开此死结的人将统治整个亚洲。数百年来无人能解！亚历山大远征波斯时，耗费多日也没有理出头绪。一日，他突然灵光一现，挥剑将此死结劈成两半，以自己的方式解开了“戈尔迪死结”。突破和创造规则的人更加牛×。

莫扎特的猜想

老人家把围绕解决主要矛盾抓全局的工作方法，比喻为“弹钢琴”，诠释到国家政策中，就是“多快好省地建设社会主义”。但统筹兼顾终究是个很难的事，多数人是很难达到老人家期望的层次，你能指望一个“黑虎掏心”都使得歪歪扭扭的主儿给你流畅地来一套“降龙十八掌”？

作曲家莫扎特

某公是中国围棋的风云人物，硬生生独占中国“棋圣”称号。此公喜抛头露面，热衷于桥牌，最大的痛就是与世界冠军无缘。围棋大师吴清源就曾经手书条幅“不搏二兔”给这位他很看重的后辈，委婉地批评他精力分散了，不要同时追两只兔子，多目标管理要慎用。

《射雕英雄传》中，郭靖老爹郭啸天说：“我小时候听爹爹说，一个人不论学文学武，只能专心做一件事，倘若东也要抓，西也要摸，到头来定然一事无成。”傻姑他爸曲三回应道：“资质寻常之人，当然是这样，可是天下尽有聪明绝顶之人，文才武学，书画琴棋，算数韬略，以至医卜星相，奇门五行，无一不会，无一不精！只不过你们见不着罢了。”那人是谁？传说中鼎鼎大名的桃花岛主东邪黄药师。这两个原理针对不同的对象，都对，用反了就要闯祸，高明如“棋圣”尚差一着，何况我辈俗人？

传说中的黄药师是摸不着的，姑妄听之。现实中的莫扎特可是听得见的，毋庸置疑。莫扎特是个天才，人人都在赞誉，最著名的理由之一是：“在莫扎特短短 35 年的人生历程中，他完成的作品总数超过 622 件，此外还留下了 132 件未完成的遗作。而这些作品让一个人再抄写一遍都得花上 30 年的时间。”结论：无论作品的品质还是完成杰作的速度，均属上乘，他所做的工作是凡人不可能完成的任务。

神化归神化，推理终归要符合逻辑。莫老弟少年成名，5岁就能作曲，满打满算也就30年光景，莫神童就算再透支，也不能不吃不喝吧。何况莫老弟到处旅行走穴（实属无奈，荣誉称号不管饭），又十分热爱生活，光是追求后来成为他大姨子的韦伯小姐未遂，就花了5年时间，其间和老爹反目，精神情绪大打折扣，高低起伏，不可能时时处于亢奋状态。

❖❖还是莫老弟自己的话更接近于真相，他说：『人们认为，我的艺术成就是轻而易举得来的。这是错误的。没有人像我那样在作曲上花费如此大量的时间和心血。』

我的第一种猜想，莫老弟是个优秀的项目经理，好多曲子都是分包出去的，验收合格，再贴上自己的标签，好像今天的OEM。那时很流行这种做法，莫老弟死前写的《安魂弥撒曲》，就是替别人做的分包。据甄别，莫老弟誊抄的其他作曲家作品很多一度被认为是他自己的作品，如在旅英期间抄写的德国作曲家阿贝尔降E大调交响曲，就属此例。

我的第二种猜想，莫老弟去世后，莫夫人康斯坦丝终身为收集莫老弟的乐谱而奔波，后世认为她尚算忠实。实际上，一个连丈夫遗骸都不知所之的女人，无论其“忠实”还是“能力”都是要打个大大的问号的。何况，收集到的“莫扎特遗作”的出版版税也相当可观，夹带点“山寨货”当行货，获利自然不菲，可惜用力过猛，破绽多多。

其实，那句话的原话是理查·斯特劳斯的父亲教育儿子的：“莫扎特的作品，即使在今天请最好的抄写员来抄，也难以在同样的时间里把这些作品抄完。”本意是夸赞莫老弟灵感泉涌，乐思敏捷，谱写的速度比抄写的速度还要快，以期激励儿子“成龙”的。作为一个干了多年设计的工程师，我是很能理解这一点的，一个成竹在胸的设计师画制起图来自然要起一个生涩的绘图员流畅得多，那是因为他早已打完腹稿，一挥而就而已，创作的时间本来就不等同于落笔的时间。

2006年，为纪念莫扎特诞辰250周年，飞利浦唱片公司推出了《莫扎特全集》，17大盒洋洋180张CD。保守地估计，全部演奏时间不超过200个小时。也就是说，25个工作日就可以听完，至于这些作品的乐谱多久可以抄完，有兴趣的朋友可以继续去考证一下。

还是莫老弟自己的话更接近于真相，他把自己的成就归于勤奋，他说：“人们认为，我的艺术成就是轻而易举得来的。这是错误的。没有人像我那样在作曲上花费如此大量的时间和心血。

没有一位著名大师的作品我没有再三地研究过。”

其实莫老弟的伟大本来就用不着用“著作等身”来标榜，只是狂热的粉丝们把他的作品“品质”和“速度”同时推向极端，让事情变得扑朔迷离。

芹菹与雀鲊

❖❖『高手』均向往料理巨构，那可是名利双收的活。解剖麻雀之类的细活，对不起，实在难以奉上那份从容和淡定。

一个颇有名气的建筑师，在一次优秀设计评比中，感慨道："似乎只有大的复杂的项目才更有机会，小规模项目多因各专业不够复杂而自惭形秽，可是优秀的小项目也能体现设计的本质价值。"话的前半段代表了相当一部分建筑师的看法：大的、复杂的项目代表着更多的"机会"。我却更肯定话的后半段：小项目也能体现设计的本质价值。

清代名厨王小余画像

诚然，很多设计师对大的、复杂的建筑十分青睐。建筑物到了一定的体量，就超过了规范的很多的规定，单单划分消防分区都大有讲究，交通流线组织更是复杂有加，造型上大有文章，团队中的其他专业也可以大沾其光。结构可以超深、超高、超长、超跨、超限，温度稳定问题一大堆；机电可以虹吸排水、能量交换；其他诸如景观、标识、幕墙等也一齐跟着升天，那就是五颜六色的"满汉全席"呀，谁不垂涎三尺？

一般在设计院事务所中，建筑师们对公建都趋之若鹜，对住宅却退避三舍。曾经有个部门要冠名"住宅设计"，于是乎干部抱怨，骨干思迁。可大建筑就那么几幢，也不是每个建筑师头上都能飘到祥云的。其实，住宅设计并非没有花头，某事务所经过多年的积累，编制了一套豪宅设计标准，分为十大方面，包括900多条细则，占据了高端住宅的设计龙头。

王小余是我国古代惟一有传记的著名厨师。当然这与他遇到了一个相交相知的主人——随园老人袁子才有莫大的关系。王小余身怀绝技，有高明丰富的理论经验。有人问他："八珍七熬，贵品也，子能之，宜矣。嗛嗛二卵之餐，子必异于族凡，何耶？"大意是，以你的

才能，珍馐做得好，可以理解，寻常菜肴也做得不同凡响，有什么诀窍呢？

王小余的回答精彩异常："能大而不能小者，气粗也；能啬而不能华者，才弱也。且味固不在大小、华啬间也。能，则一芹一菹皆珍怪；不能，则虽黄雀鲊三楹，无益也。"很辩证地把专业才能与材料的"大小"、"华啬"进行了系统的阐述。法国人喜欢把大厨与艺术家相提并论，看来中外所见略同。这些真知灼见，对今天的建筑师也不乏启示。

现实中，诸多"高手"均向往料理巨构，弯弓射雕，那可是名利双收的活。解剖麻雀之类的细活，对不起，实在难以奉上那份从容和淡定，说到底，还是能力的局限。清华大学附属小学校舍，获得了国家建筑工程设计金奖，凸显了建筑设计中从使用者的需要出发、充分考虑环境因素的影响、仔细推敲细部处理对创造一个好的设计作品的重要性。建筑表达固不在"小"，在于建筑师的挖掘和感悟能力。某次建筑交流，一幅名叫"小的建筑"的展板，给人印象深刻。

我在大学读书的时候，曾听余安东教授说，谁要是把门顶上那根过梁的支座情况搞清楚，那应该是一篇不错的博士论文，工作时间越久，越觉得含义深刻。

电影《Man in Black》中，有两个令人震撼的极端场景，可以极大地拉伸你的思维：一个在片中，猫项链的挂件不断放大后显示出一个璀璨的星云；一个在片尾，地球、太阳系、银河系不断缩小后，变成了怪物手中的玩物。用数学术语，一个叫作内插，一个叫作外推；用物理术语，一个叫作微观，一个叫作宏观。把两端都掌握在手里，办法倒也简单，再引用一下王小余大师的话："吾以一心诊百物之宜。"

签名的技术

❖❖署名排序是很重要的事情，只要挨了边，就可以认定为自己的业绩和成果，是一种荣誉和非物质性『奖励』。

以“签名”为名的书实在很少，大多是“签名艺术”类的指导书，惟一一本名著是“英国侦探小说之父”阿瑟·柯南·道尔的《四签名》，福尔摩斯探案集中的经典之一。从一张令人费解的印度纸，绘有大量的建筑和4个奇怪的签名的藏宝图上找出蛛丝马迹，解开了扑朔迷离的案情，让读者体会了心思缜密的推理、惊奇刺激的冒险。

《四签名》封面

美国人说人的一生有两件事情不可避免，死亡和缴税。这种说法大概是把他们那位居住在瓦尔登湖边的先哲梭罗忽略不计了。其实也许说签名是现代人一生很难避免的事更为恰当。

在文书、字画、契约上署名或作私记，古时谓之作“押”，今则称“签名”、“签字”，基本解释为写自己的名字，引申为表示同意、认可、承担责任或义务。对于目不识丁的人，便以画圆圈代之，叫作“画押”。《阿Q正传》中描写：“阿Q临刑前，使尽了平生的力气画花押，生怕被人笑话，立志要画得圆，师爷却不计较，早已将画成瓜子模样的纸掣了去。”

当人类社会政权成分越来越复杂后，表明身份，履行职能，上下沟通，都需要凭证。在书面文件上签名是确认文件的一种手段，其一因为自己的签名难以否认，从而确认了文件已签署这一事实；其二因为签名不易仿冒，从而确定了文件是真的这一事实，易于验明正身。

据说人写字时的微小抖动和他的心跳、脉搏等生物密码有对应关系，而这种生物密码（指纹也是）每个人都是惟一的，所以用高科

技来鉴定笔迹是一件很容易的事。但是用肉眼来辨别仿冒的签名，还是有相当难度。

国内信用卡推广之初，大多采用国际流行的签名确认制。但商场收银员水平参差不齐，这一环节漏洞百出。于是银行万般无奈地推出了密码确认制，和国际脱轨，这也算是符合国情的中国特色。

发表论文，署名排序是很重要的事情。作者排名，兹事体大，一般只要挨了边，就可以认定为自己的业绩和成果，可以堂而皇之地写在自己的履历里，签字署名是一种荣誉甚至一种恩惠，一种非物质性“奖励”。

几年前，有几个同事到国外事务所进修，回来很憋屈，老外根本不让他们在图纸上签名，认为他们没有资格。国内堂堂的设计师，在国外就像个绘图员，让他们很失落，在图纸上签名也是一种认可和尊重。

十几年前刚进入设计院时，还是手绘图纸的天下。每次出图的时候，都十分的热闹，绘图、设计、校对、审定、审批、专业负责人、设计总负责人一排挨个签下来，就要花上大半天的时间，十几堆图纸摞在会议室里，各专业还要互相会签。签字还讲顺序，必须前一道全部签完，后边的才肯签，既严格又麻烦。

签字里有很多“特权”的故事，总师设计的图纸，他可以从绘图一直签到审批，美其名曰“一笔签到底”，这是地位的象征。后来推行 ISO 9000，一张图纸至少需要两个人签名，觉得这事有点不靠谱，再后来，反正总师也不画图了……

当工程越来越多，老总们也百事缠身的时候，签字就变得让人头疼了，明天就要出图或发文了，老总们却在外地开会或者在国外考察，于是又开始流行起签字章。签字章其实就是个图章，把二者混淆在一起，本身就很混乱。我曾见过一套图纸，一水的签字章，不由得暗暗担心。我和香港某设计师合作的时候，发现他签发的文件有时是签名，有时是印章，问及此事，他解释道印章是授权形式，就和支票上的法人印章一样，但印章一定是专人使用和保管的。

于是又有些脑子活络的人就把签名做成图块插在图框里，每次图纸打印出来，字已经签好了，自诩“电子签名”。好像效率挺高，实际这些签名是无效的。真正的电子签名并非是书面签名的数字图像化。它其实是一种电子代码，利用它，收件人便能在网上轻松验证发件人的身份和签名。它还能验证出文件的原文在传输过程中有无变动。银行大力推广的 U 盾、密钥、数字证书就属此类。

運營績效

最佳的实现

❖奖项评选重点不但在结果，而且在过程的控制，在前因后果的关联。奖励那些『意料之中，尽在掌握』的行为。

CCDI 颁奖盛典，设了一个名曰“最佳设计实现”的奖项，旨在表彰运用巧妙的理念、方法和工艺，在视觉、功能、空间方面实现设计期望和实际效果的良好匹配，在可施工性和可实现性方面有杰出表现的项目。这个奖项很有意思，重点不但在结果，而且在过程的控制，在前因后果的关联，奖励那些“意料之中，尽在掌握”的行为。

蜀国丞相诸葛亮画像

诸葛亮大概是很有资格获得这一奖项的。当时周瑜设计将孙权的妹妹孙尚香许配给刘备，想把刘备扣作人质以换取荆州。诸葛亮决定将计就计，悄悄地给了赵云三个锦囊，说：“汝保主公入吴，当领此三个锦囊。囊中有三条妙计，依次而行。”到了东吴，赵云依计而行，保刘备成亲，并携新夫人安全返回荆州，每个环节都在诸葛亮的意料之中，丝丝入扣，获得完美的效果。

1972 年 12 月 23 日，尼加拉瓜首都马拉瓜发生了强烈地震，市中心的街区几乎全部沦为一片废墟，惟独林同炎先生主持设计的美洲银行大厦巍然矗立。美洲银行大厦是当时马拉瓜的最高建筑，18 层、61 米高的钢筋混凝土结构，在设计中就充分运用了“丢车保帅”的原理，设计了弱连梁体系。强烈的地震是最好的验证，结构体系完美地实现了先生的初始设想和意图。

有个设计师出身的老哥曾不无得意地和我说起过在自家花园里盖凉亭的事。当木匠师傅盖完他设计的亭子后，发现所有的木

地震后的美洲银行大厦

料一块不多，一块不少时，惊讶地问："您也会这活？"他的心里有一股小小的甜美。这就是设计实现带来的愉悦。

设计实现可以在多方面得到体现，可以是视觉的，有的建筑竣工照片和效果图如出一辙；可以是经济的，在合理的预算中，取得了最大的效益；可以是功能的，成功地实现了预期的设防。从这个角度，金字塔可以荣膺此奖项，因为几千年来，风雨不动安如山，把君王的永恒梦想最大化了，而巴比伦塔则是反面的典型了。当然设计中的管道打架，楼梯碰头，也是典型的"不实现"。

我在刚做技术管理工作的时候，公司组织优秀项目申报经验交流会，记得我在会上的发言主题是如何挖掘闪光点，用一双慧眼去发现。当时颇得同仁赞许，心下自得。但主持会议的高承勇总工程师的一番话我至今记忆犹新："挖掘能力固然重要，但属于事后的能力。闪光点更应该在设计中策划好，在实施中去落实和体现。"这番话也包含了很多设计实现的理念。

靠谱与离谱

❖❖数据分析有一句名言：『Rubbish in，Rubbish out』，也就是说，如果初始依据或数据不可靠，那么最后的研究结果或者报告必然也是垃圾。

国家统计局近年来有点焦头烂额，因为他们发布的数据遭到了公众广泛的质疑。《2009年国民经济和社会发展统计公报》显示，全国70个大中城市房屋销售价格上涨1.5%。但此前较早国家统计局公布的房地产市场数据显示，2009年全年房地产均价上涨约24%。70个大中城市与全国房价涨幅远低于全国房价平均涨幅，匪夷所思。

统计局不是气象局，一个是对已有现象的判别，一个是对未来情况的预测。如果说人们对预测的失准还是能够宽容的话，对统计的要求则相对苛严，因为统计数据是很多决策的重要依据。面对“打架的数据、离谱的数据”，国家统计局进行了解释，解释的结果是越描越黑，愈加不能让公众信服。

数据采集和分析工作有一句至理名言“Rubbish in，Rubbish out”，大概意思是垃圾进，垃圾出。结合很多行业来说，就是如果初始依据或数据不可靠，那么最后的研究结果或者报告必然也是垃圾。这句话和孔子的名言“朽木，不可雕也，粪土之墙，不可圬也”有异曲同工之妙。

北京有个老字号“六必居酱园”，相传创自明朝中叶，腌制的酱菜几百年风味不减，盛名不衰，主要原因之一是选料精良，所谓“黍稻必齐，曲蘖必实，湛之必洁，陶瓷必良，火候必得，水泉必香”。随园老人袁子才也认为，一道成功的菜肴，采办的功劳占四成，厨师的功劳占六成，足见他对原料的重视。而统计行业最重要的前提，就是原始数据的真实。

行业专家认为，统计局的统计口径和方法都没有问题，但数据来源值得商榷。房价数据的采集方式，目前主要靠房地产企业填报，这些数据的背后，隐藏着房地产商的经济利益，本质上是一种“选择性上报”。

六必居的店规

某集团公司的HR主管曾经为搞不清属下子、分公司的员工人数而苦恼不已，原因是公司在获取利益时就多报人数，而承担义务时就少报人数。于是干脆弄了个网络数据库，平时由子、分公司维护，集团需要人员数据，实时采集。下属单位没了方向，也只好老老实实。

作为一个土木工程师，我对国内建筑行业基础数据积累之薄弱一直忧心忡忡。几年前，曾听上海地基基础领域的一个权威谈及他搜集的上千个建筑物沉降观测数据中，甄别后可用的少之又少。我自己也无奈地面对过很多明显造假的数据，检测单位随便编几个数据应付了事，用极少的成本获得可观的费用。

曾经有这么一个令人笑都笑不出来的笑话，某材料检测单位被政府主管部门通报批评后业务异常火爆，因为客户发现这是一家很容易“被搞定”的单位，可以轻易地获得想要的检测报告。听上去像黑色幽默，可悲的这是事实。法律上有个罪名叫“伪证罪”，不知道这种出具虚假数据的行为是否够格？

工程咨询业内一些企业也开始实施ERP项目、BI项目，旨在更好地提升管理和决策能力。但许多企业在ERP应用中遇到的最大一个问题就是基础数据的不准确、不真实、不可靠。由于没有真实可靠的数据基础，希望ERP应用能带来效率的提高也就很容易成为一句空话。很多企业建立了工时系统，可是建立在不规范的管理基础上的所谓工时统计，又有多少可信度和准确度呢？

数据真实呼唤制度保障。惟有如此，才能让人感觉“靠谱”。

计时的技术

❀❀因为缺乏精确的计时工具，碰到脑袋一根筋的人，还会闹出人命来。诗人们认为这是守信，其实是计时技术不发达造成的悲剧。

远古的时候，人和动植物一样，按照自然的节奏生活。人们对时间的感知是通过对外界的感受来获得长期知觉，比如太阳的升落、月亮的圆缺、昼夜的更替、四季的变化等，通过对人体生物钟的反应获得短期知觉，比如人体的饥饿与困乏等。农耕时代对时间的要求并不高，民谚云："人误地一时，地误人一年。"一年划分成二十四个节气，布谷鸟唱歌开始播种，大雁南飞开始休耕。对时间精度要求不高的人们，日出而作，日落而息，每天的刻度划成黎明、晌午、黄昏3个容易感知的点就足够了。

古埃及人最早使用日晷来计时，太阳照射的针影投射在晷盘的分划上，就能指示出时刻，并将白天划分为12个时刻。但日晷只在白天管用，而且只在晴天管用，雨天、多云、晴到多云都不靠谱。于是人们发明了漏壶，依靠容器中的水一点点的漏滴来计量时间流逝的长度。但一到冬天，滴水成冰，漏壶便罢工了。于是人们便用沙来代替水，通过沙粒的缓慢下沉计量时间的长度。沙解决了结冰的问题，但也有自身的缺陷，沙子怕潮湿，一旦潮湿黏滞，计时就不准确了。一直到8世纪，欧洲高超的玻璃工艺将干燥的沙完全封闭起来，才解决了这个问题。

计时工具有了，可这些昂贵的东西也就是达官贵人、大户人家有资格享用。平民百姓就用些五花八门的方法计时，什么"一顿饭的工夫"、"一袋烟的工夫"，稍微正式一点的人家就燃香计时，虽说晴天、雨天还是有点差别，局部计时还是马马虎虎。所以民间形容时间过得快，常常说："不到一炷香的工夫。"在固定场所计时可以点香、点烛、点油灯，随身携带就很不方便。于是人们白天看太阳，晚上望月亮，并造就了一些比如"日上三竿"和"月挂树梢"等模模糊糊的计时概念。下雨天，人们就听听鸡叫。崇拜有点理想的人，就会传扬"闻鸡起舞"；打击比较讨厌的人，就会编排"半夜鸡叫"。

因为缺乏精确的计时工具，碰到脑袋一根筋的人，还会闹出人命来。古代有个叫“尾生”的男子，在桥下等恋人，潮水来了人还没到，抱着桥柱子被淹死了。诗人们认为他守信，歌以咏之：“常存抱柱信，岂上望夫台。”其实是计时技术不发达造成的悲剧。

传教士利玛窦画像

明朝中后叶，大批西方传教士来到了中国。1601 年，意大利传教士利玛窦来到中国，向明朝万历皇帝进献了一件自鸣钟，这大概是中国人第一次认识西洋钟表。1626 年，德国来华传教士汤若望携带望远镜来到中国，让皇帝到大臣都备感新奇。由于当时人们不知道这些洋玩意的用处，大家都把它当做玩物把玩。乾隆末年，英国特使马嘎尔尼来华，名为为乾隆皇帝祝寿，实际上要求平等通商。从钟表、光学仪器到新式火炮，送了一大堆礼物。乾隆不感兴趣，礼物原封不动地被封存在圆明园里。若干年后，英法联军打进圆明园，把这些财宝又抢回去了。

光学仪器和钟表，被学术界称作西方文明非常重要的两项发明，在我们老祖宗面前晃了几百年，一直没有引起他们的兴趣，中国人还是以古老的作息规律生活着。有句老话，“穷戴戒指富戴表”，倒过来也许更合适，“戴戒指穷戴表富”。

准时的技巧

在欧洲，钟表的发明，把人们掌控时间的精度从“小时”细分成“分钟”，再细分成“秒”，使人类的生活进入了一个高节奏、人工化的时代。有学者说：“工业时代的关键机械（key-machine）不是蒸汽引擎，而是钟表”，钟表是“机械之机械”。

英国伦敦大本钟

有一段评论特别精辟，道破了钟表的真正本质：“它不是技术时代之中的一件事情，而是使整个技术时代成为可能的东西——它是技术世界的组织者、维持者和控制者；它不是诸多机器中的一种机器，而是使一切机器成为可能的机器——一切机器都与效率有关，而效率必得由钟表来标度。”

不准时的作风是农耕时代的遗风，因为农夫们没有条件也没有必要把时间精确到某个刻度。这也很符合测量学原理，你不可能拿一把刻度为厘米的尺量出多少多少微米来。计时工具的发展使人的行为日益精细化。

不准时是帝王们的特权。白居易在《长恨歌》中写道：“春宵苦短日高起，从此君王不早朝。”唐玄宗沉迷酒色，早晨上班老是迟到，后来干脆改成下午上班了。更离谱的是明神宗朱翊钧，28 年不上朝听政，是皇帝连续旷工的最长纪录。

皇帝可以迟到旷工，官员们可得老老实实。古时参加朝会，是京官每天按时上班的第一要务，凡无故缺席，迟到早退，或朝班失仪，都属于违纪，历代均有处分条例。处罚的条例十分明确：内外官员应上班而不到的，缺勤 1 天处笞 20 小板，每再满 3 天加一等，满 25 天处杖打 100 大板，满 35 天判处徒刑 1 年。倘是军事重镇或边境地区供职的“边要之官”，还要罪加一等……

※※不准时的作风是农耕时代的遗风，因为农夫们没有条件也没有必要把时间精确到某个刻度。

倘若皇帝出巡，地方官员则列队等候皇帝召见。可皇帝什么时候召见也没个准，于是官吏们就为了那一刻的“准时”，整日整日地候着。可人有“三急”，万一着急的时候碰巧皇上召见，让皇上久等，那可如何是好？于是官员们就买通内侍，提早得知皇上驾临的消息，3日前就开始禁食，只以参茸维持体力。那些买不起参茸的穷官，就灌着一肚子汤汤水水撞大运了……

中国号称烹饪大国，讲究色香味俱全。法兰西人也好这口，法国人特别讲究原料的新鲜和菜的鲜嫩。法式菜要求菜肴水分充足，所以时间稍有耽搁，质地就不那么鲜嫩了，时间是法式菜的一个重要要素。据说拿破仑有一次请手下的几位将军用餐，时间到了，那几位将军还未到，拿破仑便一个人大吃起来，等那些人来到后，他已吃完了。他对他们说：“诸位，厨师在预约的时间到了后就上菜了。”在拿破仑眼里，让新鲜的菜肴多耽搁一会儿，就是暴殄天物，不准时的哥们儿，就没有资格享用这些珍馐。

发达国家和发展中国家一个很大的区别就是国民对准时的态度。德国人以严格准时著称。据说他们的时间表精确到分钟，所以你接到15点13分开会的通知请不要惊讶。德国有一句谚语“守时就是帝王的礼貌”，守时已经成为德国人的一种习惯，并且融化到每一个德国人的血液里了。难怪德国被誉为最讲诚信的国度。印度人以拖拉为乐趣，总是比约定的时间晚半个小时左右，并且对你的反应不屑一顾，振振有词：“迟到半个小时难道会死吗?”

现在很流行一门课程叫作“时间管理”，讲了许多有效地运用时间的原理，决定该做些什么，决定什么事情不应该做，如何统筹时间云云。可很多人学了以后，最基本的准时能力还是不见长进，让人很为疑惑。

有个朋友在合资的房地产企业工作，主持一个中外合作设计的项目。每次开会，中方设计师总是姗姗来迟，弄得老外极其不爽。于是他通知中方设计师的开会时间都比外方早半个小时，“这样才能同时到达”。我抗议他的不公平，他说“老外是掐表付钱的，中方早到晚到反正都无所谓，你看看公共场所的时钟没有几个准的……”我哑口无言。

准时更多的是一种态度和理念。准时体现对计划能力和对细节的把握能力，实在要说有诀窍，其实很简单——提前。

协同正当时

《圣经》记载，滔天的洪水过后，诺亚的子孙越来越多，遍布大地。人们安居乐业之时，通常是想入非非的开始。他们决定造一座通天塔来彰显自己的业绩。因为大家语言相通，很容易同心协力，塔越修越高，很快就高耸入云。上帝看到了，开始不爽，这不明摆着挑战老大的权威吗？上帝一生气，后果很严重，它要教训一下妄自尊大的人类。

上帝很清楚，齐心协力的必要条件之一就是共同的语言。于是他变乱了人们的语言，破坏人类的沟通方式。当人们操起不同的语言后，交流感情遇到了障碍，统一思想遇到了困难，工作的一致性遭到了破坏，于是互相猜疑，各执己见，争吵斗殴，通天塔终于半途而废了。传说中人类协同史上的一次悲壮的探索。

传说中的古巴比伦通天塔

※※当人们操起不同的语言后，交流遇到障碍，工作的一致性遭到了破坏，通天塔半途而废。传说中人类协同史上的一次悲壮的探索。

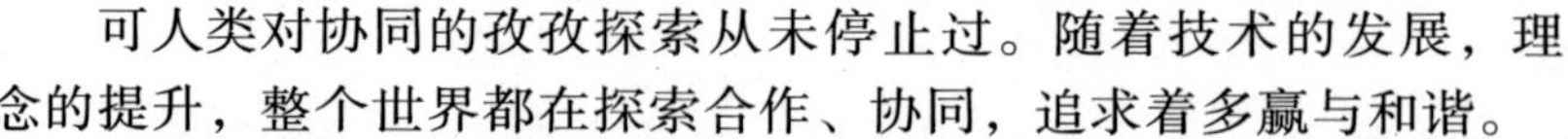

可人类对协同的孜孜探索从未停止过。随着技术的发展，理念的提升，整个世界都在探索合作、协同，追求着多赢与和谐。

伦敦奥运会开幕式，比任何一届都注重“协同”元素的体现。最让人难忘的是两个场景。

场景一：直升机洒下了70亿张小纸片，每一张代表地球上的每个人，如雪片一般飘落。70亿张小纸片在场内漫天飞舞，相信场内场外，天涯海角，心系奥运的人们，一定能感到那份深深的连接。

场景二：引导每个国家代表团花瓣，汇聚成巨大的火炬，“众人拾柴火焰高”这句古老的中国谚语，被奇妙地体现出来，比起历届被关注和展示的点火仪式，境界高得不是一点儿。

协同的理念和元素在CCDI持续发展：CCDI的协同设计、BIM技术屡获殊荣；国际顶级管理杂志《哈佛商业评论》把“水立方”作为协同经典案例；《新空间》推出协作专辑；协同是金杉树颁奖盛典的永恒主题之一；新立方学术论坛的主题。

公司里流行着一个“翻扑克”的故事。某人找到智者，想寻求秘诀，智者把一副扑克牌背面向上排列在桌子上问道：“你知道哪一张是黑桃K?”某人摇摇头说：“不知道”。智者说：“我能知道。”他翻开第一张牌说，这张不是，又翻开第二张牌说，这张还不是，若干次后，智者找到了黑桃K。这个人说：“我现在已经知道了。”

在这个故事里，可以一个人坚持翻牌，也可以几个人一起翻牌，还可以别人翻了一部分你接着翻下去，或者你翻了一部分以后别人接着翻下去。故事蕴涵着坚持、尝试、合作、协同的哲理。

协同不是新生事物，是随着人类社会分工合作的出现而出现，并随着人类社会的进步而发展的。1971年，德国科学家哈肯提出了统一的系统协同学。社会的各领域从未如此大规模深层次地重视着协同，大范围实践着协同，套一句流行的话：“协同正当时”。

田忌赛马的误导

齐威王比较喜欢的娱乐是赛马车，在战国年代，可谓战备与娱乐皆得。现代也差不多，我上中学的时候，体育达标的一个项目就是投掷手榴弹，也是让咱锻炼与练兵兼得，和国际接轨后，变成铁饼和标枪了。

齐威王的规则是把自己养的一大群马分为上、中、下三等，王公大臣们也是一样，然后按照各个等级定期进行比赛，顺便也搞一些博彩活动，怡性怡情。这和现代足球分为成年队、青年队、少年队差不多，旨在全面检阅各条线的力量。

❖❖齐威王的规则是按照各个等级定期进行比赛，顺便也搞些博彩活动，怡性怡情，旨在全面检阅各条线的力量。

军事家孙膑画像

但无论如何，王公大臣们的财力、实力总不是国君的对手，所以每次比赛基本上没有悬念，就像中国队和巴西队各条线比足球，不是赢不赢，而是输几个的问题。时间长了，搞得大臣们也很郁闷，老是名利双输，很没有乐趣，大将军田忌就是这群大臣中头皮最为发痒的人。

当时田忌家有个门客叫“孙膑”，传说中孙武的后代和鬼谷子的学生，因为才能出众，被在魏国当大将军的师兄庞涓坑了一把——挖掉了两个膝盖骨，变成了残废，侥幸保住性命并逃离了魏国，投奔齐国大将军田忌。孙膑挖空心思要显示一下才能，于是给田忌出了一个主意，让田忌重下赌金，先用下等马对付齐威王的上等马，然后用上等马对中等马，中等马对下等马。

比赛结果，二比一，田忌获胜。但很明显，孙膑在帮助田忌作弊，等于是牺牲少年队，然后用成年队对付青年队，青年队对付少年队。这样一来，分组还有何意义？要是齐威王也要赖，全部用上等马出赛，就像如果巴西队派 10 支队伍去参加足球世界杯，中国队派

100 人去打乒乓球，别人如何有活路？所以这是明摆着的不遵守规则，没有“费厄泼赖”，毕竟这是娱乐，不是战争。

根源就在这里，孙膑是个军事家，他信奉的是“兵者，诡道也”，特别是让庞涓弄得心灵剧创以后，处理什么事情都用“丛林法则”。老田让他加入貌似和谐的社会，明显属于用力过猛。好在齐威王也没有计较，没有治他们欺君之罪，因为田忌本来就是宗亲，闹着玩的事，也不至于弄得脸红脖子粗的。

但可悲就可悲在国人把这个故事当做“智慧”的经典，奉为圭臬，竟然收入小学语文课本，从此让人误以为“诡计”就是“智慧”。于是乎，在国际赛场上，五大三粗的中国球员和国外的小娃娃角逐少年赛的锦标，美其名曰“为国争光”。国内赛场，业余球队租来专业球员出赛，孙膑们的影子无处不在。文明社会求诚信，讲契约，重逻辑，可这么一个阴谋诡计，竟被一代一代流传下来，真是国人的悲哀。

记得有个设计大师曾说过，好的设计是诚实的。同样，科学，创新的基石也是诚实，诚实意味着对自然规律的尊重。可在眼下举国搞体育，举国追诺奖的氛围中，究竟还保留了几分诚实的味道呢？

激励和约束

父母教育儿女，自古是一个唱红脸，一个唱白脸，所谓父严母慈，所以古人称父亲为家严，称母亲为家慈。至于小蒋先生为他那一对双胞胎私生子取名孝严孝慈，内中心曲，一望便知。只是近年来有些换位和颠覆，颇多母严父慈，其中的原因，很值得探究。

无论承担角色如何，两种手段依然还是同样的。其实万事万物，莫不如此。古代帝王，招抚天下，所谓“顺我者昌，逆我者亡”。集中营中也是辣椒水、老虎凳和金钱、美女听凭选择。

美国总统西奥多·罗斯福

记不得是哪本小说，描写新疆知青在公路上搭车回家的情景：“站立在公路中央，一手拿着一块砖头，一手拿着一包烟，等候着过往的车辆。如果司机把车停下，就笑着把烟递过去，如果司机绝尘而去，就用手中的砖头砸将过去。”读来令人心酸。

胡萝卜加大棒一词最早在 1948 年 12 月 11 日《经济学人杂志》发表。此语的原型出自美国总统老罗斯福，在 1901 年参观明尼苏达州博览会时的演说：“Speak softly and carry a big stick, and you will go far.”（手持大棒口如蜜，走遍天涯不着急），这本是一句非洲谚语，被引申为以奖励（胡萝卜）与惩罚（大棒）同时进行的一种策略，又被称为独裁者的怀柔政策。美国特别喜欢使用这种策略，多次用于干涉拉美国家的内政问题，一会儿策划支持巴拿马政变，一会儿暴力取得巴拿马运河的开航权。

在组织管理中，这两种手段也称为“激励”和“约束”。企业年终考核，必须奖惩分明，奖要奖得人心动，罚要罚得人心痛，

❖❖拿破仑说：『我有时像狮子，有时像绵羊。秘密在于：我知道什么时候我应当是前者，什么时候是后者。』

所以了解人心很重要。对优秀的员工给予加薪、晋级、培训、度假等嘉奖，对没有完成任务或违规的降级、扣薪、末位淘汰，就是一种十分清晰的高薪奖励和末位淘汰的胡萝卜加大棒政策。

人如果缺乏压力，就会安于现状、丧失斗志、降低效率。大棒带来的恐惧感并不都是负面的。一项研究表明，很多人喜欢给比较凶的和比较严厉的管理者做事情，道理也很简单，“严师出高徒”。古罗马军队有一句最著名的格言：好的士兵害怕长官的程度应该远远超过害怕敌人的程度。

古人云：“重赏之下，必有勇夫；赏罚若明，其计必成。”你要获得什么你就去奖励什么。员工是要讲实惠的，激励首先应从老百姓最基本的、最关心的需要开始。所以了解老百姓的根本需求乃是基本之基本。需求的内容和程度因人而异、因事而异、因时而异、因环境而异。因而奖励也是大有技巧的，钱钟书先生在《围城》中也有一段精彩的描述：

西洋赶驴子的人，每逢驴子不肯走，鞭子没有用，就把一串胡萝卜挂在驴子眼睛之前、唇吻之上。这笨驴子以为走前一步，萝卜就能到嘴，于是一步再一步继续向前，嘴愈要咬，脚愈会赶，不知不觉中又走了一站。那时候它是否吃得到这串萝卜，得看驴夫是否高兴。一切机关里，上司驾驭下属，全用这种技巧。

但是如果驴子看着胡萝卜时间太久，眼睛也看饱了，嘴忽然不馋了，那驴夫就又有新的麻烦了。

除了胡萝卜和大棒，影响推进的还有第三样东西，这就是公平和公正。“不患多寡患不均”，就是人们这种心态的体现。詹姆斯在《公正是最大的动力》中写道：“公正是人类社会发展进步的保证和目标。公正对人格的尊重，可以使一个人最大限度地释放能量。不公正则是对心灵的践踏，是对文明的挑衅，对社会的罪行。所以，坚持公正的管理和行事原则，是每个人、每个机构的责任和义务。”

拿破仑曾经形象地说：“我有时像狮子，有时像绵羊。我的全部成功秘密在于：我知道什么时候我应当是前者，什么时候是后者。”这就是使用胡萝卜加大棒的诀窍。

考核与评优

❖❖绩效考评『认认真真走形式』，很符合精益生产方式中所指出的浪费的定义：凡是不能创造出价值的一切活动，均视为浪费。

聊到评优，很有感触，同时联想到考核，两者都是一个范畴里的事。评优更接近于胡萝卜，考核还兼带有大棒的功能。不管怎么样，两者都是约束激励体系的一部分，是企业战略实施保障的一个机制，更多地带有战术的味道。

在体制内多年，深为其绩效考评所累。人力资源部都很努力，直线管理者也为此耗费了不少时间和精力，最终的结果却只能得到诸如“认认真真走形式”之类的评价，很符合精益生产方式中所指出的浪费的定义：凡是不能创造出价值的一切活动，均视为浪费。甚至还有负面影响，一些员工认为企业管理水平低，对企业信心益丧。

美国电影学院奖

究其原因，无非考核指标体系不科学，考核方法不公平，考核手段很繁琐等。现代管理，诸如考核评优之类的后评估手段是必需的，否则树立导向标杆和可持续发展等都是一句空话。

但在设计行业里，把诸多后评估因素高效地综合起来的做法还很少见，部门壁垒是一个原因，缺乏系统的总体部署更是最主要的原因。考核和评优的指标体系首先要满足企业的战略需求，奖励的是企业需要的东西，惩罚的是企业不需要的东西。奖励的东西就是一种标杆，鼓励人们去接近或超越。当然，达不到标准必须空缺，而不是“矮子里面选高个”式地自欺欺人。

因为企业发展的需求是多方面的，所以树立的标杆也是多方面的，产品、人、行为各个范畴都宜奖励。优秀作品，优秀研发成果，优秀论著是一个角度；优秀项目经理，优秀建筑师、优秀结构师、优秀职员（各个管理、后勤岗位）也是一个角度；优秀管理、优秀合作、优秀创意、优秀超越、合理化建议等也是一个角度。个人觉得奥斯卡和戛纳的奖项设置较为科学，对电影行业促进效果很大，宜仔细解剖模仿。评优的提名机制要宽泛，大力鼓励自己提名，也可以部门提名，也可以资深人士推荐，推荐的理由一定要确凿，行为类奖项一定要以事实为依据。

评优的奖励一定要和系统有关联。例如和晋级、破格提拔相关联，有一定的荣誉、优先权。

如果大部分员工动心了，工作往这方面努力了，那么这个系统的考核与评优方案就可以提名参加明年的优秀研发奖和优秀管理奖了。

这也仅是一个建议和角度。如果这样的建议还有几个，综合起来，也许才能接近“系统”吧。

忙乱与淡定

❖❖在时间特别紧迫的时候，人们往往会本能地精减掉正常流程中的一些环节，这也是情理之中的事情。

无论战争、比赛、竞选、辩论，大凡竞争性高的对抗，对手使用的干扰大多表现为出其不意、攻其不备，直接目的是使对方失去正常的心理控制。轻则乱其思路，贻误战机，重则乱其阵脚，动摇士气，直至丧失理智与信心，这是竞争之道。

战争中出其不意的战例比比皆是，但能扛得住干扰的才是人杰。史记中就有一段干扰和抗干扰的精彩案例。《史记·项羽本纪》记载："当此时，彭越数反梁地，绝楚粮食，项王患之。为高俎，置太公其上，告汉王曰：'今不急下，吾烹太公。'"一身正气的霸王，竟然绑架竞争对手的父亲，威胁要做成肉羹，试图迫汉王就范。这种下三烂的手段，给霸王的正面形象大打折扣。

霸王碰到的是高手中的高手。汉王曰："吾与项羽俱北面受命怀王，曰'约为兄弟'，吾翁即若翁，必欲烹而翁，则幸分我一桮羹。"刘邦的回答也不是常人说得出来的，咱俩已结为兄弟，我父亲就是你父亲，煮成肉羹后，分我一杯。把球踢了回去。

然后，"项王怒，欲杀之。项伯曰：'天下事未可知，且为天下者不顾家，虽杀之无益，祇益祸耳。'项王从之。"项羽反受其乱，气急败坏，在高参的劝说下，勉强克制。霸王的忙乱，汉王的从容，楚汉相争的胜负，初见端倪。

有个同仁去看搞笑剧《十全九美》，回来后满嘴剧中箴言："淡定"。并打印数张斗大（应该是"升"那么大）的标语，张贴在隔板之上，用于警示自勉。回想起来，恍如昨日。

当压力巨大，危机来临时，只要是人都会心智紊乱。记得刚学开车时，每当转弯换挡，师傅总会在一边喊，"慢、慢、慢"，因为初学者在很短的时间内，难以连续做出协调的动作，所以要减慢速度，赢得充足的时间。

事实上，在时间特别紧迫的时候，人们往往会本能地精减掉正常流程中的一些环节，这也是情理之中的事情。东晋的谢安，以稳如泰山，淡若池水闻名遐迩。当“淝水之战”的捷报来临之时，虽然他表面依旧从容安详，可是返回自己内室的时候，竟忘了迈门槛，把拖鞋底部的木齿都撞断了。可见再从容不迫的人，在巨大的喜悦来临之际，也会不自觉地简化掉“一慢二看三通过”的走路原则，变得手忙脚乱。

东晋名相谢安

而流程精简是个关键的工作，如果减掉的是关键环节，那就会出大娄子。有位工程师曾经说过，如果给我10分钟来处理一件生死攸关的事情，我会首先用5分钟来思考。

我曾听师傅施永昌总师讲过一个故事。1971年，尼克松访华前，美方提出要访问杭州，但杭州笕桥机场只是一个军用机场，没法停降大型的“波音707”飞机。国务院下令，要在2个月内完成机场的扩建及候机楼的新建。于是，两个月内，包括征地、动迁、勘察、设计、施工、交付等一系列的工作，在两万人浩浩荡荡地参与下，创造了令人惊叹的“笕桥速度”。今天看来，虽然有很多报审、汇报、评审环节压缩到最少，仍属难以想象。

当流程无法简化时，人们就会感受到巨大的压力。基于泰罗理论的现代化的工厂生产线，往往把人的操作速度用到极致。“摩登时代”中的夏尔洛，在节奏异常紧张的流水线上疯狂地工作。毫无间歇的劳作终于让他发了疯，一见到圆形的东西，就忍不住要用扳子上紧。在如今的中国，富士康工厂，工人们承受不住巨大的压力，逐步走向了崩溃的边缘，短短几个月内，多人自杀身亡。

刚刚步入职场的年轻人，除了对理想的追求，还要正视生存的压力。除了那些家境较好，可以不为稻粱谋的幸运儿，大多数人要在经济压力和理想实现之间取得平衡。现在年轻的工程师，承受着高房价带来的冲击，承受着生活的巨大压力，实在是无心奢谈理想和追求。

一个建筑事务所的负责人，忧心忡忡地和我说，当他和年轻的硕士和博士们谈职业规划的时候，被反讥在唱高调，强调连立锥之地都没有的人是没有资格奢谈理想的。工程师的职业荣誉感和社会责任感，被浮躁的社会风气和以高房价为代表的失衡的经济结构，压迫得那么的苍白和无力。

某公司深感时下危机四伏，防不胜防，员工每每连滚带爬，章法大乱，决定给员工授能。于是选择了一门名为《驻足思考——瞬间整理思路并有力表达》的课程，旨在训练员工在工作中出现的大量随机、没有充分时间准备的发言场合，快速整理思路、有效呈现想法，做到清晰、简练、有力地表达思想。公司用心可谓良苦。

在巨大的压力下，除了学会各类技巧，不要自乱阵脚外，关键在于平时的积累，心中有了底气，就有把握。诸葛亮胆大心细，遇事不慌，那是因为在南阳躬耕多日，腹有诗书的缘故。

❖❖在时间特别紧迫的时候，人们往往会本能地精减掉正常流程中的一些环节，这也是情理之中的事情。

供应与需求

马歇尔·杰文斯的小说《致命的均衡》（The Fatal Equilibrium）据说是“美国百所大学经济学系指定课外必读书”。小说把一些干巴巴的经济学术语融合在情节曲折生动的凶杀奇案中，使读者在阅读侦探小说的乐趣中，发现经济学的乐趣。小说的主人公之一哈佛大学经济系教授斯皮尔曼小时候一直没能真正理解自己父亲的行为。在自己的裁缝店里，老斯皮尔曼总是对顾客彬彬有礼，尽量满足他们的需要，作为一名裁缝，他的良好声誉不仅仅是因为他衣服做得好，更是因为他对顾客的礼貌与友好。但是在家里，父亲从来就不关心妻子和孩子们需要些什么，脾气暴躁，容易发火。

《致命的均衡》封面

当斯皮尔曼学习了经济学以后，他能够来解释父亲那令人费解的行为反差了。父亲并不是更喜欢顾客，相反他很爱全家人。但是在裁缝这个进入门槛很低竞争十分激烈的行业，礼貌和良好的服务才能赢得顾客，招徕回头客，而粗鲁的态度和糟糕的服务的代价就将是收入的减少。而在自己家里宣泄的后果却不是那么严重，成本很低，于是家人就成为了出气筒。

这个现象在很多领域广泛存在，在物资供应紧张人们使用粮票、布票、肉票的年代，售货员对待顾客会很粗暴无礼，会把有瑕疵的货品放在柜台上，而且不许顾客挑三拣四，以至于小朋友的理想就是当个“牛哄哄的卖肉的”。而当物资极大地丰富以后，遍地涌现的都是超级市场，店主对顾客都是笑脸相迎，充其量玩弄些把快要过期的牛奶放在货柜的外侧期望坑几个马大哈顾客的小伎俩。商家的脾气是由供求关系决定的。

有个哥们儿闹离婚，兄弟们大惑不解。他太太平时给人的感觉总是温文尔雅，大方得体，在学校时就是很多人的梦中情人，何以他如此不受用？他大倒苦水，老婆在办公室和朋友面前能克制自己，谦和、优雅、有礼貌，尽量展示自己最好的一面，可是回到家里就开始刁蛮、耍赖、不讲理，毫不顾忌，这日子没法过。实际上，很多人在人前的状态都是伪装的，因为发火的成本很高昂，可是人后就放松了，煮熟的鸭子还怕它飞了？于是大胆露出了真实的面目。所以“婚前婚后、家里家外”是笑话和漫画的永恒主题。

❈❈三十年河东，三十年河西。位置倒了过来，设计院开始请业主听音乐会，出国考察，希望业主能够照顾自己的生意。

计划经济的时代，设计院是事业单位，设计师都是国家干部，设计院负有监督落实计划的职责，设计图纸就是国家计划指令的诠释。当时的设计是不收费的，仅仅收取图纸的成本费——论斤称。建设单位（那时不称业主或顾客）要想麻烦设计师们赶工加班，碰顶也就是用本单位的福利冷饮或西瓜充当糖衣炮弹。那时候有一句行话叫作“朝南坐”，甲方对设计师客气尊敬有加，更多的是因为他们的位置和权力。

三十年河东，三十年河西。市场的开放使业主和设计单位的位置倒了过来，设计院开始请业主听音乐会，出国考察，希望业主能够照顾自己的生意。这也是“脾气经济学”的一个佐证。

品牌营销 “千金”三叠

古人形容某些事物很贵重，某类行为很了不起，喜欢用“千金”来夸张。司马迁也对此词颇有偏好，在《史记》中多次使用，据不完全统计，出现的频次超过 60 次，并造就了 3 个影响深远的成语，在《史记》出产的近 200 个成语中，影响度和知名度都高居前列。

历史学家司马迁画像

第一个和“千金”有关的成语故事的主人叫“吕不韦”。公元前 257 年左右，大商人吕不韦在邯郸做生意，遇见在赵国做人质的秦国公子异人，心中一动，回家咨询老爸。就像美国巨富巴菲特的老爸当过四任国会议员一样，天才商人吕不韦也有一个老谋深算、目光独特的商人老爸。吕不韦问：“种田可获利几倍?”老爸答：“十倍。”他又问：“做生意呢?”老爸答：“百倍。”他又追问：“那拥立一个国君呢?”老爸说：“那就不可以数计。”吕不韦在极富洞察力的老爸的指点下，觉得这是一个千载难逢的好机会，决定投资异人这个“奇货”。这就是“奇货可居”这个成语的由来。

2000 多年前的这次“风险投资”行为，为吕不韦带来了巨大的回报。异人当了秦王之后，封吕不韦为丞相，一人之下，万人之上。拥有了巨大的财富和权力后，吕不韦始终觉得商人的身份太没有文化色彩，于是决定著书立说。当时吕不韦门客 3000，不乏舞文弄墨之人，很快写出 26 卷，160 篇文章，号称《吕氏春秋》。可当时诸子百家中能人众多，善辩之人纷纷著述，广为流传，如何迅速提高《吕氏春秋》的知名度和影响力，倒是一个颇

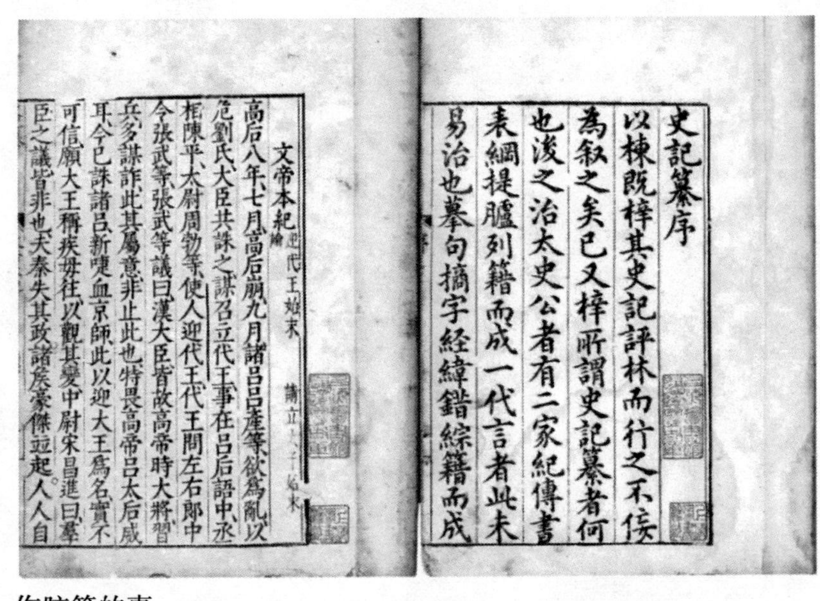
史記纂序
以棟既梓其史記評林而行之不佞為叙之矣已又梓所謂史記纂者何也淺之治太史公者有二家紀傳書表綱提臚列籍而成一代言者此未易治也纂句摘字經緯錯綜籍而成

文帝本紀
高后八年七月高后崩九月諸呂呂産等欲爲亂以危劉氏大臣共誅之謀召立代王事在呂后語中丞相陳平太尉周勃等使人迎代王代王問左右郎中令張武等張武等議曰漢大臣皆故高帝時大將習兵多謀詐此其屬意非止此也特畏高帝呂太后威耳今已誅諸呂新啑血京師此以迎大王爲名實不可信願大王稱疾毋往以觀其變中尉宋昌進曰羣臣之議皆非也夫秦失其政諸侯豪傑並起人人自

《史记》片段

※司马迁对「千金」一词颇有偏好，在《史记》中多次使用，出现的频次超过60次，并造就了3个影响深远的成语。

伤脑筋的事。

商人就是商人，吕不韦这时展示了他高超的营销手段。他派人把全书誊抄整齐，悬挂在咸阳的城门，声称如果有谁能增加、删除或者改动一字，即赏给千金。一时间，各国高人蜂拥而至，当然，没人敢扫吕相国的“雅兴”。这次成功的营销造就成语“一字千金”，记载于《史记·吕不韦列传》。

第二个和“千金”有关的成语故事的主人叫“韩信”。公元前211年左右，常胜将军韩信年轻时贫穷落魄又没有做生意的本事，只好到处蹭饭。日子久了，很多人都讨厌甚至捉弄他。气愤归气愤，肚子总归要填饱，韩信就挟着他那把著名的宝剑到城外去钓鱼，但钓技平平，一天下来还是填不满肚子。河边一个洗衣服的老太太看他可怜，就把自己带来的饭分给他吃。这样一连过了几十天，韩信十分感激，向老太太许诺说：“我将来一定要重重地感谢你。”老太太叹了口气：“我是看你可怜，哪里是指望你回报呢?”人穷志短的韩信除了惭愧还是惭愧。

是金子总会发光，当韩信的光芒被一个叫萧何的人看见的时候，他的命运终于改变了。经萧何极力推荐，韩信终被刘邦拜为大将军。接下来就是战无不胜，攻无不克，帮助刘邦夺得天下建立汉朝。功成名就后，韩信衣锦还乡。他找到那个洗衣服的老太太，设盛宴款待，并赠送黄金千两作为报答。这个感恩的行为造就了成语“一饭千金”，记载于《史记·淮阴侯列传》。

第三个和“千金”有关的成语故事的主人叫“季布”。公元前203年左右，季布曾经是项羽帐下的5位大将之一，数次把刘邦打得狼狈不堪。刘邦消灭项羽后，对此耿耿于怀，悬赏千金捉拿季布。季布一向以讲信用、不食言而名动天下，在刘邦阵营里的人脉关系也相当深厚。他的那帮生死弟兄冒着灭九族的危险来保护他，说服刘邦赦免了季布，并召拜为郎中。季布为人仗义，好打抱不平，以信守诺言著称。所以楚国人中广泛流传着“得黄金百斤，不如得季布一诺”的谚语。季布诚信的品德造就了成语“一诺千金”，记载于《史记·季布栾布列传》。

这三个跨度大概在50年左右的“千金”的成语，分别代表了“才智”、“感恩”和“诚信”。把这三个故事叠在一起，倒像阳关三叠，让人一唱三叹，故名之“千金”三叠。

自我举报

韩非在《韩非子·难势第四十》中调侃了一个楚国的军火贩子。这位哥们儿从事多种兵器买卖，既卖进攻性武器，也卖防御性武器。他在市场上夸赞他的长矛，说他的矛锋利异常，无坚不摧，然后又吹嘘他的盾，说他的盾坚固无比，牢不可破。围观的人问如果拿你的矛去刺你的盾，会怎么样？那哥们儿哑口无言。于是留下一个千古流传的成语“自相矛盾”。用今天的术语来剖析，那哥们儿的“协同工作”没有做好，或者叫作“不实广告”的“自我举报”。

法家韩非子画像

近来屡屡曝出官员因在公开场合抽高价烟，戴名牌表而遭网友人肉落马的事例。某房管局原局长抽的单价可达1800元一条的天价烟“九五至尊”，某安监局局长在不同场合佩戴五块不同款式的名表，被戏称为“表哥”。因为根据他们的合法收入，是不可能负担如此奢靡的消费。这也是“烧包”的贪官们的“自我举报”。

目前整个国家大谈特谈创新，教育界也跟进大谈素质教育，痛斥应试教育对创造性的危害。可是最近的“状元门”事件，让某些名校处于非常尴尬的境地。这些名校录取的“状元”数量已经超过了全国各省状元的总数。于是当事学校纷纷解释，雷人借口迭出，结果是越描越黑，一地鸡毛。其实高校热衷于公布录取状元数，本身就是重视应试教育的“自我举报”，努力辩解，列举各种理由，反而显得执迷不悟，格局低下。

与此对应的是，香港高校对内地状元“泼了一盆冷水”，他们宣称拒绝了数名状元的入读申请，因为面试时发现他们的综合素质并不适合国际化教学模式。两种发布，高下立判。

我曾听某集团的资深专家说，在很多优秀工程的评选过程中，常

❖❖优秀工程的评选过程中，常有很多抢险的描述。事实上，『险情』的本身，就是在设计、施工、管理各个环节不够优秀的『自我举报』。

常有很多抢险的描述，并辅以照片为证。很多申报单位都认为排险救灾中的英勇事迹和动人故事是很光彩的，足以为工程的优秀程度加分。而事实上，“险情”的本身，就是工程在设计、施工、管理各个环节不够优秀的“自我举报”。

某市政府新建的行政中心，大大超过了国家的规定标准，可市长大人还要为它贴上“鲁班奖”的标签。当申报材料送至评委会的时候，专家们哭笑不得，又是一个“自我举报”。

其实生活中的“自我举报”比比皆是，电线杆上无证行医的小广告，制造各类假证的骚扰短信，曾经让我疑惑这是在“钓顾客”还是在“钓警察”。因为警察太容易顺藤摸瓜了，而且证据确凿，感叹竟有如此愚蠢的“笨贼”。可这些现象竟然泛滥成灾，“笨贼成筐”，倒是让人大惑不解了。

应了网上的流行语：脑子空不可怕，就怕里边都是水。

理念与体现

❖❖如果阿迪达斯专卖店的店员推销自己的产品时身穿耐克的运动衣，那就是闹笑话了。顾客会认为他对自己公司的产品没有信心。

如果阿迪达斯专卖店的店员推销自己的产品时身穿耐克的运动衣或脚蹬飘马的运动鞋，那就是闹笑话了，顾客会认为员工对自己公司的产品没有信心。同样，很少会看到惠普的员工使用戴尔的笔记本，大众的员工驾驶通用的汽车，不仅因为公司的文化和政策，而且因为这些行为体现了对自己公司产品乃至公司的信心。

燕昭王画像

公元前 314 年，燕国发生内乱，齐宣王则趁火打劫，借口平定燕国内乱，出兵伐燕。燕国田地荒芜，百姓饥寒，一派凄凉。燕昭王继位后，奋发图强，决心复兴。他深知治理国家，最要紧的是延揽众多的人才，有了人才能百废俱兴。可是一穷二白的燕国，凭什么吸引那些有真本事的人才呢？

燕昭王的做法是首先尊重身边的人才，他给国内老臣郭隗（也就是个二三流人才吧）以优厚的礼遇，盖了豪华的房子并拜他为师，树立了一个尊重人才的标杆。消息传出，引起轰动，群贤毕至，史载“乐毅自魏往、邹衍自齐往、剧辛自赵往，士争趋燕”。一时燕国成为“人才高地”。燕昭王 28 年（公元前 284 年）燕国联合赵、楚、韩、魏诸国攻齐，占领齐国 70 多城池，开创了燕国最辉煌的时期。

昭王的行动体现了他以人才为本的理念，比起那些“不见兔子不撒鹰”的主儿，更加深谙稀有资源的获取之道，着实要高明许多。

Autodesk 公司近几年来大力推行 BIM 技术。他们用系列 BIM

欧特克办公楼内景

技术来改造自己的总部大楼。用空间扫描仪采集已有建筑定位数据，并转化为三维空间模型，在此模型上进行日照分析、能量交换、交通流量分析等性能化设计和造价估算，并用此模型进行了施工安装和室内装饰，最后这幢大楼和BIM数据成为了一个绝佳的实践和展示。

据说某厂要招收一批动作敏捷，能够吃苦的工人，在各个环节都测试完以后，把应试者集中在食堂招待工作午餐——很粗糙的饭菜。最后录取的是那些最快把饭菜吃光的人，因为这就是动作敏捷和能够吃苦的最好体现。HR们把这种办法称为BDI或BBI，中文叫作行为面试法，基于行为面试法作出的招人决定准确率高达80%，远远高出传统的面试方法。

前年，英国土木工程师学会给会员们发了一封题为“Greening your membership in two easy steps”的电子邮件，号召会员们用自己的实际行动来体现绿色理念，从小事做起，逐步减少以至最后停止使用纸张进行通讯。两个步骤是把订阅的纸质期刊变为数字化期刊，所有的注册、登记和服务都在网上进行，可以节约大量的纸张和邮递成本，使会员们的行为更加低碳、更加绿色、更加可持续。我深受启发，2009年，我在美国芝加哥的绿色论坛技术交流会中，仅拿了一本单位的Catalog在现场传阅，但把单位的网址印在了名片上，告诉每一个前来索取资料的人可以去下载电子版，效果奇好。

企业管理中，规范基本行为是一件知易行难的事情，细节未必能决定成功，但导致失败的事例却数不胜数。很多企业推行网络化、信息化，号称建成了信息高速公路，可是处理的文档却是纸质和数字混合的，好比板车和法拉利同时行驶在高速公路上，先发的优势被冗长的等待抵消殆尽。

我曾经去报名参加管理服务方面的培训。一家培训公司告知停车位概不安排，而另一家却细致到询问我茶歇的水果有什么偏好。我毫不犹豫地选择了后者。

❖❖如果阿迪达斯专卖店的店员推销自己的产品时身穿耐克的运动衣，那就是闹笑话了。顾客会认为他对自己公司的产品没有信心。

轰炸与广告

“二战”有别此前所有战争的一个特点，就是一系列大规模的轰炸。军事学家称之为“战略性轰炸”，利用高数量的炸弹弥补命中率的缺陷，期望以这种方式摧毁目标。这种轰炸方式又称作“地毯式轰炸”。在这种战略思想的指导下，德国人对英伦三岛狂轰滥炸，日本人对重庆狂轰滥炸。临近战争末期，美国人对东京、大阪、名古屋投下了超过万吨的燃烧弹，更是创下了人类历史上最具破坏性的非核武空袭的纪录，后来的原子弹，更是把轰炸推向了极致。但这种以大量平民伤亡为前提的胜利，从来就是大受诟病，决策者也要冒着被指控“战争罪”的风险。

“二战”后，各国开始研究精确打击战。依靠信息的支持，运用精确制导武器系统，对敌人实施精确的打击，在多维空间、不同的时间以多种方式对目标实施全方位立体打击，带有作战距离远、效益高、节奏快、可控性强、附带伤亡小等优点，是日益成熟的信息技术应用于武器系统的综合产物和必然结果。

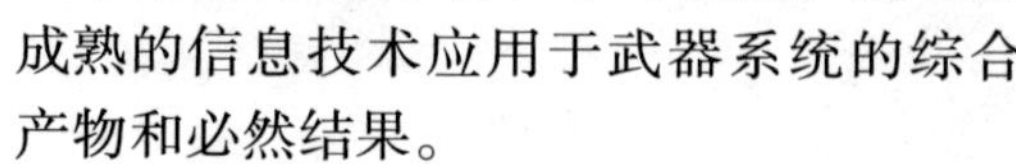

『二战』中的战略轰炸

1996 年，俄军根据车臣反政府领导人杜达耶夫手机发出的信号，判断出其所在位置，发射两枚激光精制导弹，杜达耶夫当场身亡。

1999 年，中国驻南联盟大使馆遭到从美国本土起飞的远程轰炸机的轰炸，3 枚精确制导导弹准确命中，3 位同胞罹难。……

2003 年，伊拉克战争期间，美军动用精确制导武器，“定点清除”伊拉克高官，所谓“斩首行动”，炸死了萨达姆的两个儿子——炸的效率已接近狙击了。

市场经济的高速发展使大量的产品广告也像炸弹一样，“轰炸”着普罗大众。大街上、楼顶上，广播中、电视里、信箱内各种广告铺天盖地般地涌来，它要吸引你的眼球，俘获你的心。广告商们使出浑身解数，攻城略地，让人烦不胜烦。

近年来，平日单调无味的高档写字楼和高档住宅区的电梯等候厅和电梯间一夜之间增添了许多时尚液晶电视，这些电视滚动播放品牌广告、电影预告和全新的国际体育赛事集锦，内容直指白领阶层。提出这个独特创意的企业叫作分众传媒，它号称致力于运用高科技的手段提升传媒的表现能力，在市场细分化的时代将广告信息精确地传送到特定的族群，提升传媒的传播效率，从“地毯式轰炸”过渡到“精确打击”的方式。

❖❖通过缜密的消费行为数据的积累和分析，准确了解并预测消费者的需求，是商家赢在起跑线上的法宝。拥有海量数据的就是王者。

广告的有效性在于广告和用户的需求之间是否匹配，更可怕的“精确打击”是电话直销。如果你生了孩子，信箱会被各种婴幼儿用品广告塞得满满当当，家里的电话、家人的手机也一下子热闹了起来，有推销婴幼儿用品的，有拍照的，有卖保险的。如果你买了房子，各类房屋中介一齐将你瞄准，然后持续开火。在这些令人厌烦的推销后面，是庞大的盗卖个人信息团伙，一些房产公司、物业公司、医院、银行、移动公司不仅自己发送垃圾短信，还将用户资料卖给其他公司。近日，《中华人民共和国刑法》把这种罪行定义为“出售、非法提供公民个人信息罪”。

大数据时代，各类电商也把跟踪用户的行为作为抓住客户的法宝。例如，某网站发现用户在某位电影明星的影迷页面停留时间很长，将会发送更多相关信息给用户。但这种针对性很强的广告，可能让用户感到隐私被侵犯或不安。由于用户的强烈抗议，一些电商不得不为之道歉并取消了该功能。作为和解协议的组成部分，他们将创立一家基金会，以专门倡导网民隐私保护事宜。

通过缜密的消费行为数据分析，准确了解并预测消费者的需求，是商家赢在起跑线上的法宝，拥有海量的顾客数据就是王者。谁能做到这一点？银行、通讯商、电商。在这个世界上，他们知道你拿多少工资！知道你为谁工作！知道你每月会消费多少！知道你的消费倾向，它比你还了解你。

大数据时代，营销的策略就是数据的积累，数据的分析和数据的挖掘。

品鉴营销 知彼与解己

初到加拿大，很奇怪的一点就是大白天路上来来往往的汽车都开着近光灯。更令人想不通的是，汽车一发动近光灯就自动打开，想把它关掉却找不到开关。这也太不节能减排了，在上海节约惯了的我有点不习惯，这不多耗油吗？

询问老妹，报以哈哈大笑，这是加拿大政府的规定，为了增加安全系数，白天也必须开近光灯，欧洲很多国家也这样。曾有很多节约的国人为了省油，特意加装开关，被警察抓住，不但要改回去，还要吃罚单。

原来白天行车打开大灯（近光，非远光）并不是为了照明的需要，而是为了使其他行人和机动车能尽早看见自己的车，尽早做准备。让别人看见自己比自己看见别人更重要。

中国的传统文化一向羞于自夸，否则就不能称作君子。《论语·里仁》曰："君子欲讷于言而敏于行。"毛泽东也特别欣赏这句话，给自己的两个女儿一个取名李敏，一个取名李讷。孔子作

加拿大街景

为不宣传派的鼓吹者，多次在各种场合散布以下言论：

不患人之不己知，患不知人也。

不患莫己知，求为可知也。

不患人之不己知，患其不能也。

君子病无能焉，不病人之不己知也。

给中国那些“巧言令色”有做广告冲动的读书人狠打了几次预防针。

根据现在的双向沟通理论，孔子的观点会制造信息不对称，希望别人像自己（君子）一样去理解对方，往往不是太靠谱，鼓励双方开放和主动才能提高效率。

某年高考，有个考生用古文答高考作文题。古典文献学专家看完全篇后，称文章中有数十个古汉字不认识，自觉惭愧，盛赞该考生修养的确很深，直接读古文献的硕士都没问题。网友们热捧该生，笑称作者为“穿越哥”。穿越哥毫不讳言用古文写作的目的是为了吸引注意力。年纪轻轻，懂得抓住机会提高个人能见度，后生可畏。

千里马常有，而伯乐不常有。即使有了伯乐，在千里马扎堆的地方，要引起伯乐的注意，也需抓住有限的机会，引颈长鸣，奋蹄狂奔。曾经有前辈相告，在各种场合应尽量争取到发言的机会，增加曝光率，以便更快地被注意到。年少时不更事，如今想来，真是金玉良言。

唐代士人科举应试前，往往用自己的诗文投献朝中有名望的人，希望得到赏识，以便得到举荐，这种方式被称为“干谒”。朱庆余的《近试上张水部》“洞房昨夜停红烛，待晓堂前拜舅姑。妆罢低眉问夫婿，画眉深浅入时无？”就是干谒名作。

蜀人陈子昂扬名心切，却“干谒”无门，一日路过集市，看见众人围观一具价值千金的古琴，灵机一动，将琴买下，声明某日某地当众演奏。到了那天，围观之人比肩接踵，翘首以盼之际，陈子昂却将琴摔得粉碎，众人大惑不解。陈子昂说，我不会弹琴，但会写诗，四处求告，却无人赏识。未等众人回过神，他已拿出诗文，分赠众人。众人为其举动所惊，再见其诗作工巧，争相传看，一日之内，便名满京城。

可见“酒好也怕巷子深”是古已有之的事情，今日的提高能见度，也就是穿凿古意罢了。

❖❖白天开大灯并不是为了照明，而是为了使其他人能看见自己的车。让别人看见自己比自己看见别人更重要。

满意不满意

《满意不满意》是上世纪60年代一部“满意度很高”的喜剧电影，脱胎于同名滑稽戏，以苏州名馆“得月楼”为背景，讲述年轻服务员态度转变的心路历程，配以吴侬软语，给当时的普罗大众带来了很多的欢乐。虽然现在看来很多笑点很硬很生涩，但以当时的条件去评价，是一部不可多得的佳片。

时下各行各业流行做各种满意度调查，并作为持续改进的依据。在市场经济中，顾客就是上帝，上帝不满意，意味着市场份额的丢失，兹事体大，能不好好重视？员工也很重要，企业最重要的资源就是人才。于是一窝蜂地做起了客户满意度、员工满意度调查。

电影《满意不满意》海报

做满意度调查是为了获得数据让自己持续改进。可如果“做满意度调查”的行为让顾客和员工更加不满意，那就有点本末倒置，得不偿失了。这种情况恰恰比比皆是。

现在的“满意度调查”，有点强行收集数据的味道。填一张表，接一个电话，回答几个问题，都是要付出额外时间成本的，大部分人是未必情愿的（哪怕面对那些粗制滥造的小礼品），带着这种情绪，数据能有几分真实？

要想获取真实的感受，前提必须是被调查者无所顾忌，愿说真话。如果被调查者有被“绑架”的感觉，调查者很难获得真实的数据。萨达姆执政期间，大选得票率100%，相当于100%的满意度，可全世界都把他当笑柄。

※※如果『做满意度调查』的行为让顾客和员工更加不满意，那就有点本末倒置，得不偿失了。

这种现象在生活中也很常见。学校让学生的班主任拿着满意度调查表让家长当场填，你说家长是倾向于填好还是不填好，在老师的奖金晋级都和此表挂钩的情况下，在还不至于怒火满腔要炒掉老师的情况下，考虑到将来老师也许对孩子的关照或为难，大部分家长会填上好评，哪怕有些言不由衷。这和让弱势群体公开表决是一个道理。英国文学家王尔德有句名言：“真相只有戴上面具才会浮现”，可谓一针见血。

另一种常见的行为是愚弄和奴役。先饿你3天，再给你一馊窝头，然后问你是否美味？某著名媒体做的著名调查：“你幸福吗？”就是此例。先把你的权利剥夺，然后从牙缝里挤一点残羹剩菜给你，要你感恩戴德，很多垄断行业都擅长此道。有个流传很广的笑话，大跃进期间，记者下乡采访老乡，问：“人民公社好不好？”老乡回答：“人民公社好是好，就是吃不饱。”奴隶和奴才的满意，让我想起了俄罗斯诗人涅克拉索夫的长诗《在俄罗斯谁能快乐而自由?》。

所以通过顾客满意度调查来获得真实数据，理论上就很难行得通。顾客的满意不是通过语言和问卷，而是通过行为来表达的，哪怕口头上再不满意，只要下次还是买这种产品或这个品牌的产品，就是满意，推荐别人来购买，更是满意。

高度的满意，是通过感动和崇拜来表现的。通宵排队甚至卖肾去购买某种产品，就是满意得有些畸形了，所以满意的最高境界就是让客户成为铁杆粉丝。中国有句古话“桃李不言，下自成蹊”讲的就是这个道理。

能成为“万人迷”的毕竟是少数，很多企业的主要问题是解决顾客的不满意。很多企业把这个问题用降低投诉率来解决，其实顾客来投诉，还是对你抱有希望的，希望得到解决，还有把不满意转成满意的可能。如果对你投诉都懒得投诉，那就是真正的不满意。

我曾经参加过某满意度调查的数据分析，问卷回收率只有一

半。收不回来的问卷里，一些是联系方式错误，查无此人；一些是客户推三阻四找借口不作答。两种情况都是不满意，一方面你把客户的基础信息都丢失了，客户能满意吗？另一方面，连敷衍你都懒得敷衍，客户能满意吗？

我在一次旅行中碰到了一个让人啼笑皆非的事。同行的一个意见极大的旅客在机场给旅行社打了满分，然后对我说，我就要让他们感觉良好，死都不知道是怎么死的。当客户变成你的敌人，用“满分”来麻痹杀死你的时候，我相信也是“满意度调查”的发起者始料未及的。

建议把“满意度调查”改成“不满意度调查”也许更靠谱些。

第三辑　辅价值链篇

善者因之，其次利道之，其次教诲之，其次整齐之，最下者与之争。

——《史记·货殖列传》

敬畏·感恩·宽容

❖❖我们的感恩总是体现在语言中，「喝水不忘挖井人」、「饮水思源」格言警句一大堆，形式上也乏善可陈。

手中常常拿着一支小号，绰号叫作“书包嘴”的黑人大叔路易斯·阿姆斯壮，是爵士乐史上彪炳千古的灵魂人物，地位相当于古典音乐的巴赫和摇滚乐的“猫王”。他即兴的演奏和歌唱像月光一样轻盈，他用略带沙哑又富有磁性的嗓音演绎的“What a wonderful world”（多美好的世界），传唱四方，风靡世界。

1999年，肯尼吉通过高科技与阿姆斯壮进行了跨越时空合作，再次诠释了这首历久不衰的经典，在音乐界传为佳话。歌中描述了树绿花红，天蓝云白，神圣夜晚，美丽彩虹，朋友致意，婴儿啼哭，情浓意深，感恩上苍，享受温暖，幸福生活着每一天，多么美好的世界。这首百听不厌的经典让我们体会到敬畏、品味、感恩，感受到宽容，看到了一幅“天人合一”的和谐场景。

那些号称“一切搞定”、“尽在掌握”的人们常常把人与自然对立起来，宣称要征服自然，所谓“人定胜天”，这实在是太狂妄自大了。庄子云：“天地与我并生，而万物与我为一。”人与天本来合一，只是人的主观区分才破坏了统一。董仲舒强调天与人以类相符，“天人之际，合而为一”，人与自然的和谐统一，而不是两者的排斥对立。老百姓们朴素地宣称“举头三尺有神明”，即便是皇帝也只敢称自己为“天子”，

爵士乐手路易斯·阿姆斯壮

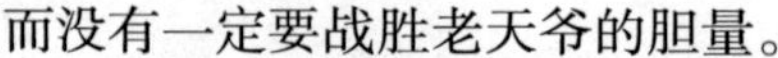

而没有一定要战胜老天爷的胆量。

古希腊先哲苏格拉底的箴言“认识你自己”被刻在阿波罗神殿的石柱上，告诫后人应该有自知之明，敬畏自然，不要做超出自己能力之外的事。与之相配套的另一句名言是“我只知道我一无所知”。米兰·昆德拉在他的《生命不能承受之轻》的序里说：“人类一思考，上帝就发笑。”人类对自然的认识基本上处于“盲人摸象”的阶段。

孔子说：“君子有三畏：畏天命，畏大人，畏圣人之言。”康德说：“有两种东西，我对它们的思考越是深沉和持久，它们在我心灵中唤起的惊奇和敬畏就会越来越大地充溢我的心灵，这就是繁星密布的苍穹和我心中的道德律。”敬畏是人的优秀品质和崇高境界，敬畏自然，敬畏宇宙，其实也是敬畏我们自己。

1992年，联合国在里约热内卢召开会议，提出了“可持续发展”的理论。人们终于认识到，只有切实保护人类赖以生存的自然生态环境，经济建设和人类文明才有可能持续发展。这个认识，是在人类进入工业化社会以来，经历了无数惨痛教训之后才获得的。可持续发展，是当代最先进和最科学的思想之一。

有了敬畏之心，自然就会生出感恩之心。感恩是一种处世哲学，也是生活中的大智慧。“感恩”并不是个舶来语，中国自古就有“感恩图报”的说法。英语中的“thanks giving”，牛津字典给的定义是：“乐于把得到好处的感激呈现出来且回馈他人。”

有位哲学家说过，世界上最大的悲剧或不幸，就是一个人大言不惭地说没有人给我任何东西。“感恩”是一种发自心灵深处的认同，一种从血管里喷涌出的钦佩，一种以回报为目标的驱动。古人云，一粥一饭，当思来之不易。西方人做餐前祈祷：“感谢主，是他赐我们食物，使我们活着。阿门！”枫泾古镇石墙上刻着赞美家乡丰饶物产的民谣，冠以“唔呶喔哩”（吴语：我们家里）的匾额，洋溢着感恩之情。

除了圣诞，感恩节大概是美国人最重视的传统节日之一了，和中国的中秋节有点相似，都是举家团聚的日子。传统的食物也很类似，美国人喜欢吃火鸡，中国人喜欢吃鸭子，中国人少不了月饼，南瓜饼是美国人的必备之物。但我们的节日缺了一些直接主题，不像老美那么鲜明。我们的感恩总是体现在语言中，“喝水不忘挖井人”、“饮水思源”格言警句一大堆，形式上也乏善可陈。每个人的生日都是生命中最重要的日子，庆贺自己降临人间，这天同时也是母亲历尽磨难的日子，在点燃自己生日蜡烛以前，是不是应该首先向母亲献上一束鲜花，说上一句“谢谢”呢?

感恩可以使人沉浸在幸福中，享受“获得”的效用。处于幸福中的人，都是宽容的，而宽容的人，更容易获得幸福。何谓“宽容”?《不列颠百科全书》说：宽容即允许别人自由行动或判断；耐心而毫无偏见地容忍与自己的观点或公认的观点不一致的意见。

作家房龙在他的名著《宽容》中写道：“宽容从来就是一个奢侈豪华之物，只有那些在智力方面非常发达之人才会去购买这种物品。从思想上来说，这些人都已经摆脱了不够开明的同伴们的狭隘的偏见，他们能够看到整个人类具有广阔多彩的前景。”

我们的感恩总是体现在语言中，『喝水不忘挖井人』、『饮水思源』格言警句一大堆，形式上也乏善可陈。

办公室的故事

自 1986 年就读工民建专业算起，和中国建筑业结缘已经 27 年了。从 1993 年毕业进入设计院拿起针管笔算起，进入中国勘察设计行业已 20 年了。20 多年来，勘察设计行业的上下游发生了天翻地覆的变化，设计行业虽然算不上“沧海桑田”，勉强也可称“山乡巨变”了。

很幸运地进入国内某知名大院，当时还是事业单位，但已经是沪上风传经济效益极好的单位。一句“看门的老头一年都能拿这个数”就吸引一大批莘莘学子削尖脑袋往里钻。事实上，在事业单位，刚进去没有奖金的学生是拿不到看门老头的那个数的。

因为是事业单位，所以编制是干部。但时间很短，还没有对干部编制的优越性产生感觉，单位就开始改制变成企业了，稀里糊涂地又

1993 年作者在单位电脑房

变成了职工。这些变化对于眼看就要退休的老设计师是相当敏感的，关系到他们退休后的各类中国特色的待遇。可对于年轻的设计师来说，发不发生也就是那么回事。

作者工作过的有利大厦

当时设计院在社会上地位很高，属于高级知识分子云集的地方，一个大院的教授级高工比同济大学的一个系的还多。名流后代、高官子女也为数不少。还在读大学的时候，同学中对设计院子弟就很羡慕，这种优势意味着毕业分配时候的关系和渠道。我进院时给我“校路子”的那位部队转业的人事处副处长的名言，至今记忆犹新：“在这里，工程师就是工人”，这也算是改革开放15年以后设计界HR的典型写照。

※※国家干部的身份就会带来很多官气，设计师普遍感觉良好。逢年过节发年货月饼，档次也比普通老百姓高不少。

当时的工作节奏不算快，老设计师很喜欢给小字辈讲讲故事，比较多的是一些不收设计费的年代的故事。“那个时候图纸是论斤称的，只有加晒的才收钱”，“设计院的图纸就是国家计划下达的”，“不按图施工就是违背国家指令”。我工作没赶上计划经济时代，只是妄加揣测，那个时代如果说乡政府造得像天安门，县长的办公室大得像歌舞厅恐怕是天方夜谭了。

国家干部的身份自然就会带来很多官气，俗话说“朝南坐”。凡事都是建设单位（那时候还不称业主）求上门来，时不时还搞搞送点冷饮土特产之类的“小腐败”，设计师普遍感觉良好。逢年过节发年货月饼，相对于很多普通市民，档次也高不少。

多少年后回忆这一切，不由自主地想起了那篇《佛塔里的老鼠》的寓言：一只流浪的老鼠在佛塔顶上安了家，丰富的供品使他无比幸福。每当善男信女向佛像叩头的时候，这只老鼠更是无比陶醉。一天，一只饿极了的野猫闯进来抓住了他，“你不能吃我！你应该向我跪拜！我代表着佛！”老鼠抗议道。“人们向你跪拜，只是因为你所占的位置，不是因为你！”猫冷冷地回答。

难忘的战斗

1993年入行的那年春节很是难忘，好像在一个剧场里开年终总结会。会议结束后看的什么片子已经记不得了，只记得那年院里设计费首次过亿，全院上下喜气洋洋，发不完的年货，开不完的会议。

那些年很多设计院都在深圳、海南、厦门、浦东这些特区设立了分院。除了特区项目众多，各类优惠政策也撩人得紧，当然还有很多线下的隐规则，诸如考察接待，员工旅游之类，记得连续有几年夏天的员工的高温福利——椰奶，就是某分院的心意。

与民用建筑设计的火热相比，工业建筑设计当时用萧条来形容也不过分。在工艺设计是主流的单位里，基本上还是一套苏联模式。

那段时间设计行业提出“CAD出图”这个名词，微机开始流行。

1995年作者在美联大厦施工现场

一开始两人合用一台微机已经是相当奢侈了，倒都是些 AST、Compaq、HP 之类的名牌，操作系统是 DOS，绘图软件主流基本是 ACAD10.0~12.0D 版，也有一些工业院用 Microstation 的。

技能快速地转换，对年轻人是天赐的福音。以前换拖鞋进机房，在中型机上个把月才完成的电算，在微机上，复杂点的一周，简单的几天即可完成。很多高端的动作，一下落入了凡间。

包括我国港台地区、欧美在内，大量事务所涌入内地，五彩缤纷，那些高端的项目都是他们的天下。政府为了保护内地设计行业，规定上述的事务所必须延请内地事务所和设计院做顾问。事实上，除了那些打通政府的各种关节，我们在技术上是根本不配做人家顾问的，政府不过是给了我们一个“偷师”的机会罢了。

❖❖除了打通政府的各种关节，我们在技术上是根本不配做人家顾问的。政府不过是给了我们一个『偷师』的机会罢了。

作者工作过的现代设计大厦

那时候很喜欢去总师室，去了就赖着不肯走，老总桌上的洋规范、洋方案和洋图纸实在是太精彩、太吸引人了……

虽然那个时候基建投资的规模和速度，比起现在是小巫见大巫，但设计行业在经济收入上确实是占了很多的先机，得益良多。各个企业基建处都摇身一变成了房产开发公司，圈块地空手套白狼也大有人在。

活实在是太多了，连食堂的师傅都有人来通路子，各种番号的项目组无比红火。据说顶楼理发师的师傅也出去拉了个打桩队，一碰到疑难问题，就来找院里的老总解决，那些多年来一直享受他手艺的老总自然有求必应……

开发商对设计院的要求是快、快、快，整天拎着“糖衣炮弹”在各个房间转悠。于是加班、加班、再加班成了办公室的主旋律，最高纪录是 20 天一直在办公室里没回过家。

上世纪 90 年代的火热，用一部老电影来形容是怎么也不过分的——《难忘的战斗》。

“底线”危机

橄榄球比赛中，进攻方球员带球冲过底线，叫作“达阵”，可得六分，是一次得分最多的方式，还可以获得一次一分加踢或者两分转换的进攻机会。“达阵”是比赛最精彩的瞬间，冲破对方的层层阻拦，突破对方的底线，直捣黄龙，实在是爽极了。不过在现实生活中，要是底线被一破再破，那绝对不是一件好玩的事。

“底线”在社会学、经济学、伦理学和心理学中，指心理可以承受或能够认可阈值的下限，或某项活动进行前设定的期望目标的最低目标和基本要求。比如道德底线、安全底线、经济底线，也称“保底值”。奥巴马上任后首次新闻发布会就说，确保创造400万就业岗位是现阶段经济政策的“底线”，也是他推动大规模经济刺激政策的核心目标。

底线的定义和标准是随着经济的发展而不断提高的。以美国为例，以前政府保证的基本人权是你可以自由地去争取你自己的幸福，至于是否争取得来，政府不管。你失败了、破产了、没饭吃了，政府都不会管。富兰克林·罗斯福当政后，提出了公民应该享有“免于匮乏的自由”，也就是说，不饿死人也是政府的职能了，这个最低的保障就是，无匮乏的自由变成了基本的人权，政府应该承担起保障人们免于贫困的责任。所以，不再会有因饥饿而偷面包被投入监狱的悲剧了，即使破产，政府也会保障破产人生存的基本条件。

2005年，飓风“卡特里娜”横扫新奥尔良，不少灾民没吃没喝，再加上救援物资迟迟不能送到受灾者手中，人们涌入超市哄抢食品。事后政府宣布，进入超市拿生活必需品的，一律不追究，至于那些拿珠宝的老兄，那就另当别论了。前几年，中国政府也修改了相关法规，对那些因生活所迫而偶有违法的行为，不列入刑事处罚范畴，这是社会的进步。

各行各业都有它的底线，有的是自己设定，有的是行业规定，有的是社会公认的。比如使用期限内的楼房正常条件下不能有安全问题，小地震来不能坏，中地震来可以修，大地震来不能塌，保质期内的食品不能对人体健康有害，产品能够正常使用，警察不能勾结黑社会，官员不能以权谋私，公民不能违法乱纪……

❖❖『计算和图纸不一致』这些最简单的逻辑错误不是技术能力问题，而是态度游戏化和工序形式化，是底线的丧失。

改革开放以来，中国建立了市场经济的经济体制，物质极大地丰富，但没有建立起符合市场社会的道德伦理机制和法制体系，国人渐渐感叹世风日下，道德下滑，人心不古。“齐二药”、“三鹿奶粉”、“黑煤窑”还记忆犹新。2009 年，新华网评出的热词中，突破底线的事情比比皆是：“六连号”、“躲猫猫”、“钓鱼执法”、“欺实码”……

朱镕基题词“不做假账”

朱镕基几乎从不题词，但他在任国务院总理期间，却“破例”为新成立的国家会计学院三次题词“不做假账”，并明确指示将其作为校训。我相信他在每次题词的时候，心情一次比一次沉重，题词效果如何，现在还很难说。但一个学校把“底线”作为校训，作为会计业界甚至经济领域的至理名言，作为美德，作为座右铭，很多事情就变得难以想象了。难道工学院的校训应该是“不建造豆腐渣工程”？

现在的小学生写作文写好人好事，常常写拾金不昧，其实拾金不昧是应该的，是每一个公民的义务和职责，因为占为己有是违法的。就像赞扬官员抵挡住了“糖衣炮弹”的攻击，其实这是他的本分和底线，因为挡不住的话，理论上要吃官司的。这些赞美实在是舆论和媒体的误导。

媒体的误导使很多事情都偏离了本质，一句“不能输在起跑线上”让许多本该尽情玩耍、培养创造力的中小学生拼命上各种补习班，去追逐所谓的名校和“优质教育资源”。到了大学里，该好好学习的时候，却开始翘课，开始瞎混，开始谈恋爱，这样的导向和机制不改变，培养诺贝尔奖获得者只会停留在空谈上。

我刚开始做设计师的时候，院里规矩大得吓人，老总看图的时候，设计师惟恐有不周全的地方，站在旁边腿都是颤的。要是别人询问你的设计是否有依据不足和图算一致这些低级问题，那简直就像扇了你一记耳光，在质疑你的态度和操守，是一种莫大的侮辱。岁月流逝，这些规矩都已被淡忘了，以至于我在一个场合询问设计能否做到图算一致时，在场的几十个工程师鸦雀无声，无人应诺。

我和一个香港建筑师合作的时候，曾在图纸上标注过“柱子尺寸以结构图为准”，他透过厚厚的眼镜瞟了我一眼：“建筑图和结构图尺寸一致是最基本的要求，这种标注是对职业的不尊重。”至今记忆犹新，不敢忘怀。

在全国建筑节能大检查中，排在前两名的问题分别是计算和图纸不一致，总说明和详图不一致。这些不是技术问题，不是能力问题，这些最简单的逻辑错误的背后是态度的游戏化和工序的形式化，是底线的丧失。

有一首沪语版民谣“老离八早额辰光”，上海话意思是“很久以前那会儿”，充满了对世事变迁的感慨，也不乏对底线沦丧的谴责，摘抄几句如下，以纪念那段美好的时光：

……

老离八早额辰光，
诗人是崇高额，
作家是写书额，
孩子是贪玩额，
周末是休息额，
学堂是教书育人额，
考试是伐能作弊额，
学生是伐会做小姐额，
老师是伐能开公司额，
……

当“底线”成为“美德”，当恪守基本道德成为追求目标的时候，当一些基本价值观需要“重申”和“振兴”的时候……

❖❖『算不清加钢筋』，『算得粗用钢补』，能起多大的作用呢？接连不断的灾难已经给出了无声的回答。

安全系数和可靠程度

据说孔子曾教育学生，“取乎其上，得乎其中；取乎其中，得乎其下；取乎其下，则无所得矣”，很想给儿子引经据典一番，但一直没有找到出处。南宋诗论家严羽在其《沧浪诗话》中倒有类似论述：“学其上，仅得其中；学其中，斯为下矣。”

“欲穷千里目，更上一层楼”，单从学习求知的角度来分析，这番话说尽了学习之道。读书学习不能“死”学，要放在更广的背景中，触类旁通地去学。俗话说，熟读唐诗三百首，施蛰存先生说还要逐字解读，方能得其意象。死记硬背，最多得其形而未得其神，如何领略其中的精髓呢？更谈不上把学来的知识灵活应用变成自己的东西了。读书学习都要额外下功夫，有余量，才能比较从容，别的事情也一样。

不光读书学习，世事莫不如此。唐太宗李世民亲自撰写了一部论述人君之道的政治文献，名叫《帝范》，论述治国之道：“孔子曰：取法于天而则之，斯为其上。颜孟取法于孔子而近之，才得其中。后儒取于颜孟而远之，则为其下矣。既为其下，何足法乎？为儒者，当取法孔子、颜子、孟子；为君者，当取法于尧、舜、文王。取法于上，仅得为中，取法于中，故为其下。”提出要有高标准，严要求，才有可能取得比较理想的结果。清人陈谵然曾说：“不谋万世者，不足某一时；不谋全局者，不足谋一域。”盖深得其中三昧，现代战略理论家亦奉为圭臬。

近年来评出的新闻热词中，“楼××”赫然在列：成都的“楼歪歪”，上海的“楼倒倒”，烟台的“楼脆脆”……，引起了全社会对结构安全度的高度重视。老百姓不大可能去理解那些连专家们也莫衷一是的安全度理论，他们需要的是建筑物的“安全可靠”，需要保证生命财产不受损失和房屋功能的正常运行。这也完全符合工程界所谓的“强度”和“功能”二原则，如果加上“可修复”则为三原则。

2008年作者在震后现场考察

多大的安全度才算够？这是一个探讨已久的国际性课题。

古代工程建设，基本采用天然材料，依靠工匠的经验和估算，依靠手工劳动和简单的工具，并没有系统的理论，更提不上“安全系数”的说法。反正帝王将相们的工程，都是不计成本的。埃及的金字塔和神庙，数千年屹立世间，那是因为安全系数大得惊人。

15世纪后，近代自然科学的诞生和发展，使工程进入了定量分析阶段。伽利略率先开始对结构进行定量分析，被认为是工程进入近代的标志。工程师在进行土木、机械等工程设计时，为了防止材料缺陷、安装偏差、外力突增等因素所引起的后果，工程实际承受能力必须大于其容许担负的力，二者之比叫作安全系数。老百姓表述成“可靠”、“结棍”、“皮实”。

现代工程结构的安全储备或安全度水平和一个国家的经济程度和技术水平密切相关。例如我们的办公室允许承受每平方米200公斤，老美允许50磅每平方英尺，合每平方米240公斤，标准就比我们高20%。在安全系数方面，和欧美发达国家的安全标准相比，我国工程结构设定的安全度水平低20%~40%。综合考虑两者因素，对于有些建筑物楼层，同等使用情况，安全储备相差还不止40%。回顾建国初期“勒紧裤腰带”，“一分钱掰成两分钱”的一穷二白的经济状况，那么多亟待解决的问题都需要钱，这种决策也是合情合理的。

随着经济实力的提升，国家数次提高了标准。但是工程质量是否真正可靠，并不只是依靠安全系数一个环节就能解决的。蓝图上的系数还要通过施工者的建造来落实，施工的符合性还要通过监理和检测来保证，一系列的工作是一个系统工程。

设计界有一种说法：“算不清加钢筋”，香港同行叫作：“算得粗用钢补”，意思都一样，校对者不大放心，让设计人放大一档，审定人还不放心，让设计人再放大一档。图纸到了开发商手里，用钢量就大得离谱了，几乎成为开发商的噩梦。于是再找人优化。这已经成为设计公司的常态了。但这种粗放的方法能起多大的作用呢？接连不断的灾难已经给出了无声的回答。

❖❖对于某些功能性的事物，都有一个能很传神的指标和与之对应的量词，能够一下子抓住它的本质。

指标和量纲

《笑林广记》中辑录了一则名为“不懂装懂”的笑话，说是一人叫住卖螺蛳的问道：“多少钱一个?”卖螺蛳的说：“从来螺蛳都是量的。”这人大声说：“这谁不知道? 我是问你几文钱一尺?”可见是否是门外汉，仅从对度量方式的把握就可一窥全豹。

以前组织过技术评优。有一次负责得奖设计作品展览，交上来的展板初稿让我默默无语。对于各种类型不同的建筑，宾馆、剧院、体育场描述的标准一律是高度和面积，不能说错，总觉得外行得紧。一般来说，对于某些功能性的事物，都有一个能很传神的指标和与之对应的量词，能够一下子抓住它的本质。

对于体育场馆、剧院等公共建筑，规模以场地的容纳人数为表征。所以常常有以容纳人数来冠名，比如上海体育场就曾叫作八万人体育场，上海体育馆曾叫作万体馆。而剧场则通常以多少座来衡量，上海世博演艺中心落成后，其18 000座的规模使之既能举行超大型庆典、演唱会，又能举办篮球比赛、冰上表演甚至冰球比赛，是目前国内座位数最多的，最现代化的 NBA 篮球场馆。

与之类似的还有酒店、医院和中小学校，衡量它们规模的也是接待和容纳能力，所不同的是宾馆的表征是客房数，医院的表征是病床数，中小学校的表征是班级数（如果每个班级的人数和规定不偏差太大的话)。记得高勇老师在 CCDI 学院讲授《营销学》的时候，很激情地说，汇报酒店规模要说多少“Key”，也是很传神的衡量。

世界上最大的酒店——澳门威尼斯人酒店在它的网站主页上的自我介绍是：共有 3000 间豪华套房，850 张赌桌，4100 台角子机，15 000座的宴会厅，2000 座的表演厅，10 万平方米的购物空间。

摩天大楼的衡量指标就是高度，世界各地为了争取拔得头筹，正在进行一场高度战争。据说规划中的最高摩天楼的高度达到 1500 米，

澳门威尼斯人酒店

进入“千米”时代。大桥的衡量指标是跨度，公路、铁路的衡量是总千米数，等等。

对于大型的航空港，衡量它的指标是吞吐量，而表征吞吐能力的指标是飞机跑道数。日前有报道说北京将在西南的大兴区建设“北京新空港”，这个新的空港将有 8 条或 9 条跑道——其跑道数量超过世界上任何空港，一年可接纳 1.2 亿至 2 亿旅客。

上海话中，改变对象“量词”是表达喜好的很微妙的手法。比如说人，“这个小囡”、“那个老太”皆属中性，如果用“这只男人”、“那只女人”、“格票户头”，那就贬义很浓了，但也算是抓住了本质。

❀❀一只上好的『帕尔玛火腿』，得经过两年的制作和多重检验，符合300项标准。认证完毕后，满腿都是章。

扎蹄与火腿

厨师对于猪身上各个部位的肉是很讲究的，谓之分档取料。炒菜用里脊肉，炖菜用五花肉。猪腿自然也有前后之别，猪前腿叫作“蹄髈”，也有叫作“肘子”，猪后腿叫作“腿板”，也有叫作“后臀”，所谓“前蹄后腿”。

江南水乡古镇，几条或旧或新的明清“古”街的铺面里，都有很多大同小异的特产。几乎家家都架着几口盛满看上去仿佛百年老汤的卤汁锅，文火炖煮着用草绳扎紧的猪蹄，卤汤“扑扑扑扑”地冒着细泡，周围弥漫着腻人的甜香，酱红鲜亮的猪蹄看上去很是诱人。这种卤猪蹄，不同的古镇有不同的名字，各有特色。

朱家角和西塘叫的“扎蹄”是比较大路的名字。在枫泾，叫作“丁蹄”，传说是当地“丁义兴”熟食店用太湖良种枫泾猪前蹄焖煮而成，热吃酥而不烂，冷吃喷香可口。“枫泾丁蹄”与“镇江肴肉”、“无锡肉骨头”一样，都是高速公路服务区特产店里的抢手货。我刚工作的时候，贪图方便，一连几个月每周都到超市里买上一只，百吃不厌。

同里的卤猪蹄叫“状元蹄”，浓油赤酱、软糯甜香。主要因为是“蹄”与“题”同音，据说吃了这猪蹄，有望金榜题名，高中“状元”，大讨口彩。

周庄的蹄膀叫“万三蹄”，和当地巨富沈万三扯上了关系，中间还带上了和朱元璋有关的传说，不但历史悠久，而且显得富贵。它的吃法很特别，从两根贯穿整只猪蹄的长骨中，抽出一根细骨，蹄膀形状可以纹丝不动，足见原料的优良和火候的考究，以细骨为刀，剖开蹄膀，分而食之，入口即化。

前蹄铸就了“丁蹄”、“状元蹄”、“万三蹄”的悠久名声，后腿则是腌制咸腿的上佳原料。腌腿肉色嫣红似火，故称“火腿”。火腿有南腿、北腿和云腿之分。民国时期，南腿产地义乌、东阳、金华等县属金华府，统称为“金华火腿”。历史上加工火腿以东

阳县为最多。我妹夫祖籍浙江东阳，他们一家每每谈起家乡的特产，总是眉飞色舞。

“金华火腿”以东阳上蒋村出产的品质最好，民间曾有“金华火腿出东阳，东阳火腿出上蒋”之说。在清朝，上蒋人氏蒋雪舫选料严格，以肉质细嫩的金华“两头乌”优良猪种的后腿为原料，历经修坯、发酵、腌制等 10 余道工序，经冬历伏，10 个月方制成。他还有独门秘方，每百条猪腿中放一条狗腿，叫作“戌腿”，这“戌腿”就像化学反应中的催化剂，加与不加，风味大不一样。更让人神往的是，“戌腿”概不出售，仅留作自用或馈赠亲友，成了江湖上的传说。蒋雪舫制的火腿一度列为贡品，被誉为“蒋腿”。

上海人对火腿情有独钟。沪上名菜“腌笃鲜”，是用时令竹笋和腌肉、鲜肉经慢火煨制而成的，如把腌肉换成火腿，风味更佳。

老外对火腿的痴迷，比起国人来有过之而无不及。在欧洲，和咸肉对应的是培根（Bacon），（我一直以为弗朗西斯·培根的祖上是腌猪肉的），和火腿对应的英文是“ham”。欧式火腿只用盐腌制，然后在地窖里长期存放、风干。顶级的欧式火腿出产在意大利和西班牙。

意大利几乎每个城市都有自己的招牌火腿，但最顶级的要算是意大利北部的“帕尔玛火腿”。一只上好的帕尔玛火腿，得经过两年的制作和多重检验，符合 300 项标准，认证完毕后，满腿都是章。搞流程管理的哥们儿可以好好来体验一下质量科学。据说为了至上的口

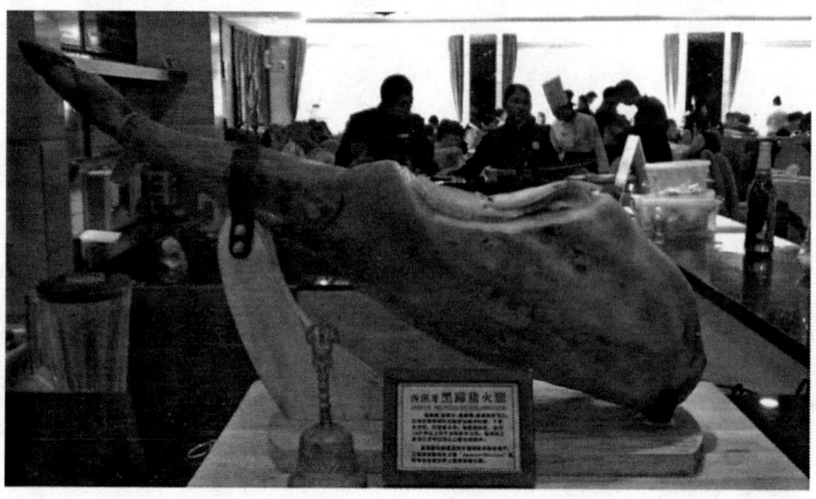

西班牙黑蹄猪火腿

感，猪是吃当地帕尔玛芝士的边角料和牛奶渣长大的，制作出的火腿带有天然的芝士味，入口即溶。

西班牙也是火腿爱好者的天堂，最具特色的“伊比利亚火腿”别具奢华风味。顶级的伊比利亚火腿是用上等黑蹄猪制成的，黑蹄猪长期放养在长满橡树的森林里，最低放养标准是猪均面积不小于一公顷。黑蹄猪都要保证是 18~22 个月的寿命，在最后的 3~6 个月，只能吃橡果，所以做成的火腿带有独一无二的橡树果仁香气和鲜甜的肉味。

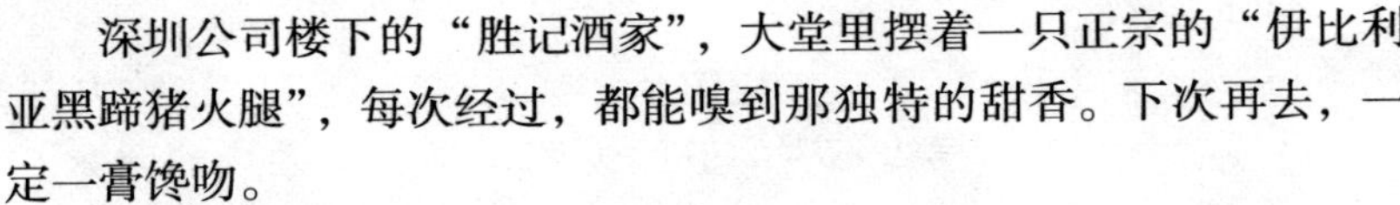

深圳公司楼下的“胜记酒家”，大堂里摆着一只正宗的“伊比利亚黑蹄猪火腿”，每次经过，都能嗅到那独特的甜香。下次再去，一定一膏馋吻。

❖❖一只上好的『帕尔玛火腿』，得经过两年的制作和多重检验，符合300项标准。认证完毕后，满腿都是章。

保質證量 最佳的控制

三聚氰胺、瘦肉精、塑化剂让全国的注意力都集中在食品安全上。层出不穷的丑闻说明这是一个系统的问题。在大环境，管理方法普遍缺失的情况下，没有“三聚氰胺”也会有“四聚氰胺”、“五聚氰胺”。

建筑物的质量也是大众关注的一个焦点。很多年前，主管部门就规定建筑工程质量必须实施终身负责制。日前看到一则新闻：“在北京××小区开始办理入住前，一块刻有工程名称、施工单位、设计单位、监理单位等单位名称、法人和项目负责人姓名的铜牌被立在小区大门内显著位置。”据说，这是首个落地的质量终身责任牌。但我真的很怀疑这种隔靴搔痒式的办法对目前的状况有多少效果，特别是在目前的中国，立竿见影的效果更多是一种形象和政绩。想起了几个

赖特设计的流水别墅

传奇故事般的质量管理方法，也许可以给管理者以启迪。

日本邮政大臣野田圣子年轻时干的第一份工作是刷马桶。她一直觉得师傅打扫的厕所和自己打扫的没有什么两样。可是有一天，当师傅打扫完厕所以后，从容地从马桶里舀了一杯水，当着野田圣子的面“咕噜咕噜”地喝下去的时候，野田圣子无比震撼，这是师傅对自己工作质量的无比自信。这个故事在日本家喻户晓。没有任何制度规定生产者要使用自己的产品，可当生产者对自己产品都没有信心的时候，质量也就岌岌可危了。所以，第一个方法就是检测生产者对产品的信心。

赖特设计的“流水别墅”的高潮就是那一大堆参差穿插的悬挑阳台。据说拆除混凝土支撑模板的时候，工人心惊胆战，拒绝工作。赖特信心满满地亲自站在阳台下，指挥工人挥舞大锤，那叫一个有腔调。

※※巴顿对伞包质量的检验方法，就是不定期随机抽取伞包，然后让供应商背上它，从飞机上跳下去。

乔治·史密斯·巴顿将军

真正体现质量管理智慧的，还有一个牛人——乔治·史密斯·巴顿，大名鼎鼎的巴顿将军。“二战”期间，巴顿看到一份关于伞兵前线战报，牺牲的伞兵中，有一半是在跳伞时摔死的。巴顿怒不可遏地宣布，今后对伞包质量的检验方法，就是不定期从生产流水线随机抽取一个伞包，然后让供应商背上它，从飞机上跳下去。从此，盟军极少发生因伞包质量的伤亡事故，因为巴顿制造了供应商的生死需求，抓住了质量的关键点。

军队里总有很多强有力控制的故事，巴顿控制的是人，张震将军控制的是原料和方法。据说张震将军任军委副主席时，曾下过一道命令，要求保证士兵一天吃一个鸡蛋，并规定必须是煮鸡蛋，炒、蒸、煎均不行。有人说这种如此规定过于死板，将军答曰：“一，煮鸡蛋营养价值高；二，可防止干部偷工减料，克扣士兵的鸡蛋。煮鸡蛋可以让每个战士吃到一个，炒鸡蛋就完全不一样了。”

明哉将军，深刻地洞悉制度对于公平公正的重要保证作用，用简洁的制度来保证执行的高效。

CCDI 颁奖盛典，设立了项目最佳质量控制奖，旨在表彰运用有效、巧妙、创新的方法和技巧进行质量控制并取得良好效果的项目。有何亮点？拭目以待！

评奖那些事

去年忝为CCDI金杉树评审团主席，心中虽有千头万绪，也得紧紧闭嘴，这是纪律。今年转型，挑了个专门说话的活，好听一点叫咨询团，调侃一下就是小喇叭、小广播、大嘴巴。特设两个专栏，一个叫作评奖那些事，一个叫作评委那些人，专门干揭秘和爆料的事。微博、博客、专栏同步推送，敬请公司上下，行业内外，对金杉树充满期待、好奇的朋友们，多多加粉、关注、点击。

入围规则：项目类奖是产品和运营的地盘，所有的入选项目必须获得双双推荐，否则一票否决。所以平日里要和终责人搞好关系哦，否则，从他们的眼皮下溜走的话而报不上名，就要琢磨是“运气”还是“人品”的问题。至于运营部，身正不怕影子歪，只要自己平时该填报的都填报，他们是没有卡你的理由，当然，他们也不会让不够格的轻易蒙混过关。

其他的奖项也分属各条线，有的是特定人群，比如岗位的HRBP，其他人也混不进去。而行为奖虽然是由相应条线分管，其实是面对所有人的，比如说行政部完全可以申报知识管理最佳实践奖，只要能说出自己工作中的知识与管理含量。信息部完全可以申报学术贡献奖，只要能表述工作中的学术成分。

至于海选的奖项，自己都可以毛遂自荐，不感兴趣者有几类：脸皮薄的，不了解自己的，社交有障碍的，对外部不敏感的，过于清高的，觉得价值不大的，淡泊名利的……

最佳项目奖：上届评选中让我很纠结的一个现象是，很多项目申报者对项目的表述常常会让评委产生他们申报的是“工程项目”而不是“设计项目”。大量的社会意义的描述，大量的工地实景照片，会让人产生工人叔叔也在你的团队里的错觉，好像开发商在向市长汇报的材料。所以拜托，把我们申报表述有限的笔墨集中在描述我们的项目，就是设计费或者咨询费对应的工作范

作者在2011年金杉树奖颁奖

❖❖对评奖不感兴趣者有：脸皮薄的，不了解自己的，社交有障碍的，对外部不敏感的，过于清高的，觉得价值不大的，淡泊名利的……

围的那个项目。最好在申报时把项目名称写成“××大厦”设计，或者“××新城”规划，避免我们无限膨胀。

当明白所申报的项目的Owner是CCDI以后，就不会误入过分宣扬工程项目社会意义的歧途。那些从方案文本和初设文本上拷贝下来的大段大段的话语，通通剪切到回收站去吧，那是你作为开发商幕僚向政府汇报的话，不是评委们想听的。

工程项目是设计项目的载体，不是不可以谈，但一定要谈的得体，谈得恰到好处，万不可喧宾夺主。谈的角度要专业，我写过一篇题为《有趣的指标和量纲》的博客，专门讲不同类别的项目如何用特定的指标来描述，有兴趣的朋友不妨一读。

在国内设计界报优评优多年，有一个共同的指标申报书是从来不需申报的，那就是工程项目的投资额。而在国外，Investment of project是个首要指标。都说要理解业主需求，骨子里却从不把业主的命根子指标当回事，顾客能满意才管怪呢。

言归正传，评委们更多的想听的是这个项目对于CCDI的意义，比如说经济价值，衍生经济价值，令人咋舌的产工比，前所未有的管理模式，沉淀的技术，获得的知识产权，以及为达到这一切所花的心思和付出的努力，要有亮点，要全面。说白了，就是“葵花宝典”中，经营、运营、技术质量三大目标是如何完美实现的，再延伸一些，讲讲对品牌、人才培养的广泛意义，一定不会让评委失望。

当然，这些元素要通过巧妙的编织，通过项目三大制约要素的起承转合，编出动人的故事，就像项目投标时如何挖空心思讨得业主欢心，一样的技巧。

回忆一下，上届最佳项目得主最打动评委们的一句话就是："我们考虑的最多的，就是如何给公司带来价值"，相信你懂的。

最佳项目经理奖：所有的项目单项奖，基调和最佳项目是一样的，只是侧重点不同而已。该奖是考量项目经理如何有效地、创造性地履行自己的职责，所以申报前，先把岗位职责熟读300遍，方才有可能下笔如有神。申报不要太悲情，大谈苦劳和疲劳会让人觉得你其实很无能，没脑子。也不要很煽情，那会让人觉得很虚，很不实在。分寸的拿捏是很重要的，说一些你应尽的义务也是浪费时间，讲一些别人想不到的事情，不要讲惯例，要讲特例，来体现你的领导力。

最佳项目和项目经理的表达角度实在是太现成了，就是其余分项奖的综合。一个奥斯卡最佳影片或最佳导演奖获得者，多少会捎带一些其他奖项，就是这个道理。

最佳专业负责人奖：最佳专业负责人的申报，往往一不留神就会写得和项目经理很雷同，也许有的项目经理身兼两者，但一定是有侧重的。项目经理的项目界面事务要多得多，内外兼顾。而专业负责人要细化很多，体现在项目专业技术措施的编制、专业高度的确定、技术细节的体现、与其他专业的协同，体现在专业技术的先进性和权威性。

所以很多实实在在的"干料"可以体现专业负责人的实干型。

作者在2012年金杉树奖签名

比如学术界的好评，比如同事间的交流，比如下工地的照片，但是一定要显示你的专业。曾经有个工程师长裙飘飘的下工地照片，不但失去了入围资格，还被认为缺乏基本安全常识。

最佳客户满意奖：最佳客户满意虽然表征落实在“客户满意”，实际上潜台词是通过“客户满意”给公司带来价值。价值包括有形和无形，短期和长期。所以把表达的重点放在“使客户满意的方法”和“客户满意后公司的获益”尤为重要。

使客户满意的方法无非是深度理解顾客需求，超越顾客期望，在服务中和顾客互动等，比如说如何通过有效的表达技巧让顾客感觉专业，如何通过有效的沟通技巧让顾客感觉真诚，如何有求必应，如何急人所急，如何换位思考，如何整体解决。而类似奥运会上中国代表团上的口气，什么孩子老婆生日还在加班的故事，反而会失分的。

顾客真正的满意一定是用感动的行为来体现的，而不是问卷上虚伪的满分和表面上的信誓旦旦。比如聘任企业为长期顾问，后续项目续签，列入优质供应商名单等。如果某项目顾客连回答问卷都推三阻四，那多半是连敷衍都懒得投入了。

最佳原创设计奖：原创是最符合社会上流行申报最和社会接轨的奖项，无数的案例可供参考，就不给建筑师上课了。把投标时取悦业主的功夫使出五成就可以了。

最佳设计实现奖：最佳设计实现的奖项是CCDI匠心独创的一个奖。去年为了解释这个奖，我煞费苦心地做了解释，可效果一般。包括去年的得主，虽然大名鼎鼎，但申报的内容和奖项宗旨好像总是不那么相符。我曾从视觉角度解释设计实现，比如“有的建筑竣工照片和效果图如出一辙”。有个设计师说，那我肯定能得奖，我一个项目要画二十几遍，快竣工了都还在画，基本上一模一样。

最佳质量控制奖：质量概念，在设计行业的理解是一地鸡毛。有的说要守住技术底线，有的说要超越顾客期望，其实都对，这是质量的两端，朱兰质量手册中也是这么论述的。

我发现很多申报材料的平淡无奇是因为对质量概念和机理的缺乏理解造成的。其实整个社会对质量的理解也很混乱。前段时间国家纠结于把“又快又好”改成“又好又快”，本质上是混淆“速度”和“质量”的因果关系。

这个根子早在提倡“多快好省”的时候就种下了。“多”代表范围，“快”代表时间，“好”代表质量，“省”代表成本，四

❖❖对评奖不感兴趣者有：脸皮薄的，不了解自己的，社交有障碍的，对外部不敏感的，过于清高的，觉得价值不大的，淡泊名利的……

者不是并列关系。质量是结果，其他三者是过程或投入，是前提。所以在项目管理体系中，成本、范围、时间叫作质量三要素。在质量三角锥的底端，这三者是互相制衡的。

分解到这种程度，随便选个角度，就可以很出彩，比如质量成本的控制，比如在最短时间内保证质量等。

最佳技术高度奖：技术高度奖不像质量控制的共性那么多，申报者往往会沉迷于专业术语，用一大堆专业词藻来显示其专业和高深。可技团的评委来自各个专业，这帮锅匠、裁缝、士兵、间谍可不会使劲去理解你的专业，听不懂就是低分，他们绝对不会装懂。

所以申报者的语言就要像科普工作者一样简洁明了，即使搞得像儿童文学一样也不过分，因为理解万岁。

技术高度的表述逻辑也很关键。你要概述一下这个领域的技术背景，然后确定拟申报的技术的相对位置，就像课题结论中的国际水平、国际先进和国际领先，程度都是不同的。然后，专家就好下结论了。这一点在表述中往往是很欠缺的。

※※比赛、投标、报优乃至服务，搞清裁判、评委和客户的口味和意图特别重要，营销学叫作掌握客户需求。

评委那些人

张艺谋在奔向奥斯卡奖的大道上发足狂奔，《金陵十三钗》下足血本，并通过媒体把类似彩色玻璃之类的细节渲染得无以复加，可老美连围都没让入。为什么？他没有摸清奥斯卡评委们的口味。和他形成鲜明对比的是李安，在美国生活多年，深谙老美的价值观和标准，从《卧虎藏龙》到《断背山》，得起奖来一部接一部。

所以比赛、投标、报优乃至服务，搞清裁判、评委和客户的口味和意图特别重要，营销学叫作掌握客户需求。深度咨询可直接联系高勇老师，此处就不展开了。

掌握评委需求的前提是了解评委这个人。在HR的人员黄页还没有全方位面对大家，评委们的自我介绍又异常云山雾罩的时候，作为上届评委，换个角度来侃侃这些家伙。

建筑评审团：

建筑评审团评审的项目有两个，最佳原创与最佳技术实现。这个团的特点是清一色，全部都是建筑师，其中朱光武和郑方也是上届的评委，其他都是首次担任。

朱光武是CCDI历史悠久的主力总建筑师。以“忽闪忽闪”的大眼睛著称的光武，在住宅设计领域佳作不少。最著名的照片之一是和陈鲁豫有约的合影。艾侠对他有过一段描述：“一群年轻建筑师围坐，老朱点一支烟，不说话，以其特有的大眼睛凝视图纸很长时间，然后倾听每个人的意见，略做点评，但不下优劣结论……”不过，评审会现场不许抽烟，不知道他用什么办法激发灵感。

作为水立方主力设计师之一的郑方，近年来大师气质愈加浓厚。去年打单榜榜首位置显示其旺盛的创作力，同时在清华的深造越发增加其学术底蕴。换个角度，那只被涛哥宝爷握过的手一定也“杀”气渐浓。

苏剑琴、江兵、张宇来自 CCDI 深、沪、京三地，分别代表着各自的流派。要了解他们，要从经历、阅历和著述去挖掘，他们在 CCDI 留下的东西可不少，去 CCIP、新空间、CCDI 人上去挖掘吧。

钱平和关卓睿是新入 CCDI 的大佬，分别来自沪、京顶级国有大院。他们的资料，CCDI 内不多，因特网上却很多，尤其是知识中心引入的外部资源库上……

初腾飞是建团评委中最年轻的建筑师，虽然年轻，却是 CCDI 名气颇大的老员工了。如果不了解他，那要反思自己的。

技术评审团：

技团评审的项目有两个，最佳技术高度与最佳质量控制。这个团的特点是混一色，建筑师、结构工程师、机电工程师、项目管理者。其中李炳华和杨想兵也是上届的评委，其他人都是首次担任。

炳华是典型的“文艺”机电工程师，要了解他的风格，“粉他”就可以了。开博两年多，平均每天三条半，内容性质颇多“三句半”，有打油，也有打酱油，有加班反思，也有正义凛然，看完他的微博，你能发现一个五彩斑斓的炳华。

白艳和司小虎是来自深圳的南派建筑师。小虎在上届颁奖礼

2012 年金杉树奖咨询团合影

作者工作过的 CCDI 大厦

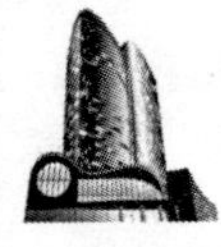

※※比赛、投标、报优乃至服务，搞清裁判、评委和客户的口味和意图特别重要，营销学叫作掌握客户需求。

现场自编自演的段子，想必大家还记忆犹新，“闷”得紧啊。

杨想兵和朱勇军是来自北京的北派土木工程师，既不“土”也不“木”，他们擅长结构工程中精确度最高的钢结构工程，“精”着呢。

吕强是学术情节很浓的建筑师，现在主管运营；钱斌是项目管理出身，可曾扬言要考注册结构，把全程的结构师搞得“亚历山大”；章伟良是暖通工程师，现在主推绿色；应了那句话，不想当司机的厨子，不是好裁缝。

主评审团：

除了建团和技团评审的四个项目，其余的奖项终裁者都是主评审团。这个团的特点是十三不靠，总部管理、经营、人力资源、业务发展、建筑师、工程师都有。其中朱长青是上届的评委，本次担任主评审团主席，其他都是首次担任。

因为主评审团评审的奖项幅度太广，所以评审团的组成强调来自方方面面，强调互补，要求评委是个通才，有窥一斑而见全豹的能力。

随着他的座驾的升级，朱主席的口味这段时间也而一发高了上去。我早就预料到他会如此，去年就埋下伏笔，定了规矩：如

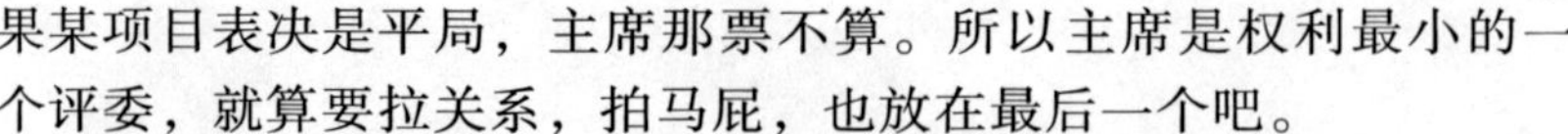

果某项目表决是平局，主席那票不算。所以主席是权利最小的一个评委，就算要拉关系，拍马屁，也放在最后一个吧。

江兵、李炳华、钱平前面介绍过了，不再赘述。

张立杰和袁曼丝是职能线的代表，但都有建筑师的经历。一年多的转型，立杰越发复合，她还是上届大奖的得主，想象一下她出任评委的明星范吧。曼丝对经营线的内幕知根知底，奉劝想浑水摸鱼的人趁早死了这份心，而且她还特喜欢读奢侈品杂志，那份熏陶也不是白给的。

这次主评审团还有两位神秘评委，章景阳和代晓利，只听说都有博士学位……

乐趣与痛苦

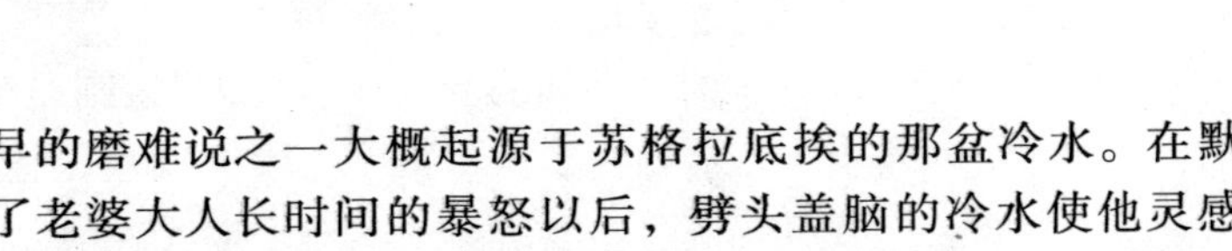

最早的磨难说之一大概起源于苏格拉底挨的那盆冷水。在默默承受了老婆大人长时间的暴怒以后，劈头盖脑的冷水使他灵感忽至，不但留下了“雷霆过后必有大雨”的名言，更为“悍妻可以使你成为哲学家”理论奠定了基础。

清人赵翼曾发感慨：“国家不幸诗人幸，话到沧桑句便工。”对于杜甫这位生逢乱世，仕途失意可文名远扬的诗人来说，也许是最贴切的写照了，家里的破草屋被吹得七零八落，一般人早就全家抗风救灾去了，老杜却还写了《茅屋为秋风所破歌》，抒发名士情怀，淡定啊！不服不行。

❖❖家里的破草屋被吹得七零八落，一般人早就全家抗风救灾去了，老杜却还写《茅屋为秋风所破歌》抒发名士情怀，淡定啊！

很多人的个人生活和创作的能力是相互影响的。对于有些人来说，当生活中一切都不如意时，创作是避难所，佳作频出。如贝多芬，耳聋后还能写出传世名曲。有的人如果生活陷入混乱时，就失去源泉，无法工作了。一向顺风顺水的门德尔松，在姐姐去世后，竟然抑郁而随。

诗人杜甫画像

南非世界杯前，很多球队都进行封闭性训练，严禁家属探营随队。这让我想起了久违的罗马里奥，“独狼”在巴塞罗那队时有一句名言，只有让我在夜总会玩爽了，第二天才能在球场上尽情发挥。

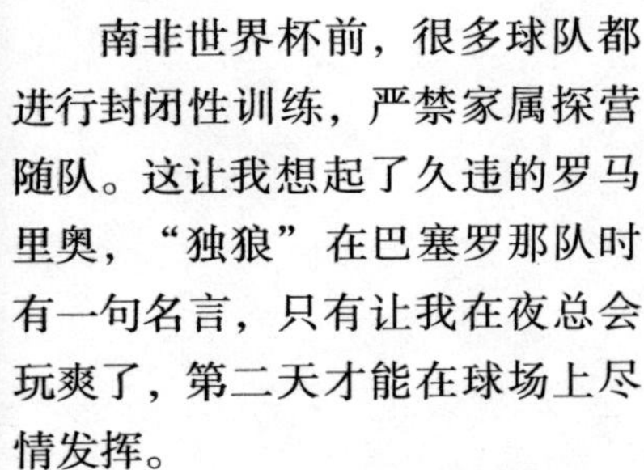

弗洛伊德认为，创作是被压抑的本能冲动的升华。人们对付压抑的办法有两类，曰“抗”曰“放”。抗是把你的底线和目标联系起来，是逼出来的，就像秦始皇造长城，一将功成万骨枯，或者家里妻儿老小等米下锅，很多伟大作品的产生也是因为需要那一点点微薄的酬劳。放是一种诱导，是发现工作的乐趣，可以玩一样地享受整个过程，二者可以得兼，就像莱特兄弟发明了飞机一样。

大前研一有本流行书《OFF学》，高“玩商”的人善于把看上去风马牛不相及的事情碰撞在一起，玩出新花样，成为多面手。成绩是玩出来的，作品是玩出来的，财富是玩出来的，幸福是玩出来的，所有精彩都可能玩出来！

而介于两者之间的所谓“橡皮人”，则是最糟糕的状态。他们没有神经，没有痛感，没有效率，没有反应，整个人犹如橡皮做成的，不接受任何新生事物和意见，对于批评表扬无所谓，没有耻辱和荣誉感的人。如果想改造他们，力度小了他根本不在乎，力度大了，他还会反弹一些不满过来。

这种状态的最大后果，套一句流行语：被走人……

❀❀以己及人，也未必靠谱，一样东西对不同的人来说有不一样的价值，正所谓『彼之蜜糖，我之砒霜』。

人力資源 己所不欲

“己所不欲，勿施于人。”是孔夫子的名言，解释为自己不喜欢的事情，也不要强加给别人，体现了一种宽厚的心态。传闻罗斯福在海军任职时，一位记者向他打听美国新建潜艇基地的消息，罗斯福笑眯眯地问：“你能保守秘密吗?”记者大喜过望，信誓旦旦道：“绝对能。”罗斯福不紧不慢地接着他的话说：“很好，我也能。”这是一个巧妙地用“己所不欲，勿施于人”来规劝朋友的故事。

作家薄伽丘画像

文艺复兴初期的佛罗伦萨发生了一场可怕的瘟疫。薄伽丘为了记下人类这场灾难，以这场瘟疫为背景，写下了一部当时意大利最著名的短篇小说集《十日谈》。书中无情地嘲讽了僧侣们道貌岸然，满口仁义道德，骨子里却男盗女娼，是十足的伪君子，并刨根究底，矛头直指教廷和宗教教义。《十日谈》使薄伽丘受到了教会长期的迫害和打击，因为他的抨击太有力了，有什么比传教士违背教义的行为更能摧毁人们对宗教的信仰呢？有什么比“己所不欲，强施于人”更能让人愤怒呢？

现代管理学很热衷于“领导力”的解析，其中有一条叫作“树立自我领导的榜样”，也就是我们常说的“以身作则”。

2008年11月，美国汽车业“三巨头”通用、福特和克莱斯勒首席执行官均乘公司豪华私人飞机赴华盛顿，向国会寻求数百亿美元资金援助，遭国会议员猛批。民主党众议员加里·阿克曼说：“豪华私人飞机飞到华盛顿，从那上面下来的人却手拿讨钱罐，这是一个绝佳的讽刺。这好比在救济站看见一个头戴高帽、

身穿礼服的人。”共和党参议员乔恩·凯尔说：“给他们250亿美元不会改变任何事情。那只是把‘审判日’推后6个月左右。”

时隔不久，因经营困境累计接受超过1700亿美元政府救助的保险业巨头AIG，决定向公司部分高管支付2008年奖金1.65亿美元。奥巴马对此表示强烈愤慨，他说，AIG因鲁莽和贪欲陷入财务危机，发巨额奖金的做法引起公愤，并指示财政部长寻求一切法律手段阻拦。

打仗的时候，那些叫嚣“给我上”的指挥官，往往是败军之将，而高呼“跟我来”身先士卒的将领，都能激发起兵士们一往无前的勇气。在课堂、在球场、在政府、在军队、在公司、在家庭，我们可以在各个领域，各个层次看到这些现象的影子。

有些人于是说，我对人家要求的，都是我自己追求的。我奋不顾身，别人就不能贪生怕死；我艰苦朴素，大家都得节衣缩食，“己之所欲，方施于人”，好像是一种由己及彼的行为，其实这个命题也未必成立。“大跃进”和“文革”中，处处都是这种思潮的影子，“左”得一塌糊涂。不但是一种可笑的想当然，而且也是逻辑的错误。

很多父母常把自己的观念想法理所当然的套用在子女的身上，认为儿女应该走自己给他们探索的路，总觉得就是该这么做才是对的、才是正确的。这也许是“代沟”难以逾越的一大原因。很多孩子继承了产业并不幸福，包办的婚姻更是造成了无数的人间悲剧。因为父母的乐趣未必是子女的乐趣，父母的钟爱未必是子女的钟爱。好心不一定能办成好事。

所以以己及人，也未必靠谱，一样东西对不同的人来说有不一样的价值，正所谓“彼之蜜糖，我之砒霜”。宁波人喜欢吃臭，湖南人喜欢吃辣，山东人喜欢吃辛，山西人喜欢吃酸，信佛的要茹素，回教徒不食猪肉，芸芸众生的偏好实在是纷纷纭纭，莫衷一是，就少操那份闲心了。华东师范大学哲学系教授陈嘉映先生在他的《无法还原的象》中的一段话，我至今记忆犹新：

我所梦想的国土不是一条跑道，所有的人都朝着一个目标狂奔，而差别只是名次有先有后；我所梦想的国土是一片原野，容得下跑的、跳的、采花的，还容得下躺在草地上晒太阳，什么都不干的。

❖❖『假行家』和『满不懂』的反复折腾，摧毁的是中国各行各业的根本和基础。

满不懂与假行家

刘宝瑞有一个脍炙人口的单口相声，名叫《假行家》，说的是一个有钱的财主名字叫“满不懂”，别的他都不懂，就懂这钱啊，是越多越好。贾家胡同住着一位贾先生，姓贾，名字叫贾行家。两位凑到一块儿，就想发财，于是盘了个药铺就开始做生意。可这两位不但毫无专业知识，而且不求甚解，把“银朱”当成“银珠”，“白芨”当成“白鸡”，“附子”当成“父子”，还笃信“先赔后赚”，结果自然是赔个精光。

这个段子本是博人一笑，可类似的荒唐活剧，偏偏就在太阳底下一幕又一幕地发生了。

2010年，“上海倒楼案”宣判。开发商、施工方的负责人在法庭

莲花河畔景苑倒楼

上屡屡以“不知情”来为自己开脱，没有意识到“违法分包”、“违规堆土”、“不具备开挖资质”等多项违反安全管理规定的作业行为，活脱脱一群“满不懂”。而项目经理则用“我是被借用的项目经理”、“被挂名”来搪塞，工程总监理则用“老板怎么可能听我的”为自己喊冤，惟妙惟肖的“假行家”。

郎效农说：“中国足球联赛，一会儿从甲 A 的 15 队缩编到中超的 12 队，一会儿取消升降级，一会儿只升不降，一会儿又打算南北分区，无不都有着各种各样冠冕堂皇的理由。折腾来折腾去，既见不到国家队的辉煌，也见不到国奥队有什么荣耀，而摧毁的是中国足球的根本和基础。因为足球圈子里充满了‘假行家’和‘满不懂’式的人物。”

有句俗话叫作“没有金刚钻，别揽瓷器活”，想赚钱无可厚非，可绝不是为所欲为的理由或借口。首先得考虑一下对社会的影响是正面还是负面，其次能否承受“砸锅”的后果，或者倾家荡产、或者深陷囹圄。“君子爱财，取之有道”。

现在崇尚资本的力量，看准那个行业有前途，挟钱以入，风投注资，就以为马到成功了。可是钱不是万能的，还需要行业技术，还需要管理技能，还需要风险意识。那些砸钱、烧钱的企业，死掉的比比皆是。

经济学家吴敬琏在我国改革的早期阶段认为，只要放开了市场，就能够保证经济的昌盛和人民的幸福，被别人称作“吴市场”；近年来认识到市场的正常运行是需要一系列其他制度的支撑的，没有这种支撑，市场经济就会陷入混乱与腐败之中，不断呼吁法治建设，又被人们称为“吴法治”。坦诚直率，让人感觉吴老睿智与良知依旧。

品管圈里的人都知道质量五要素，“人、机、料、法、环”，这是质量大师石川馨的管理精华。杏花村汾酒把它归结在“七条酿酒秘诀”之中：“人必得其精，水必得其甘，曲必得其时，高粱必得其实，器具必得其洁，缸必得其湿，火必得其缓。”缺了哪一条，酿出来的都是一锅酸酒。其中“人必得其精”是首要条件，如果混进“满不懂”和“假行家”，注定没好结果，还不如趁早把锅砸了省事。这也许是人们用“砸锅”来形容失败的出处之一吧。

※※一个好的制度或者方法的评价无非几条：手续简便、成本低廉、效果良好。

 培训的设计

某公司的会议上，老板踩上了两个台阶向大家宣布了资源运作的基本原则——“以最经济的方式，获得最理想的效果。”通俗一点就是“少花钱多办事，花小钱办大事，不花钱也办事，最好是花别人钱办自己的事”。

于是想起了新东方那些被托福、GRE 培训搞烦的老师们的意淫：

I have a dream……中国连续 7 年大丰收，世界连续 7 年大旱，颗粒无收，某国立即由超级大国沦落为第三世界发展中国家。很多人梦想到中国来，我们就让他们考汉语托福、GRE，考文言文太简单了，要考就考甲骨文，而且规定只能用毛笔、龟壳答题，第一题就考活雷锋与活蜜蜂的关系，分值 50 分！

午饭的时候听两个 HR 的哥们儿在聊员工招聘，据说现在前来应聘的人员累计已超过 10 万，不禁感慨公司的吸引力，于是乎浮想联翩起来。

设计一，建立公司新员工应聘托福考试。旨在让新员工，特别是应届大学生（猎头负责的杰出人士不在此列）在入职前利用自己的资源（时间和精力）进行自我培训，了解公司的历史、文化和基本执业技能。

设计二，考试分为基础篇和专业篇。基础篇都是应知应会，所有的员工都应知道，比如公司哪一年成立；设计过哪些著名建筑？看图识人看是否能把大脑袋的脸和名字对上；公司有多少事业部和区域公司等。专业篇就针对各个专业的特点，结构专业的就考他老总做过哪些工程？建筑专业就考他某事业部的总建筑师是何许人？加考 CAD 协同标准……反正进门后新员工要培训的、师傅要教的，让他入门前先自学成才。

设计三，考试采用客观选择题。就像考交规似的，考试每次 1 小时，50 道题，满分 100 分，80 分合格。考试内容都公开，就

怕他们不看，公司资料，还有内刊杂志，模拟考试统统挂在公司官网上，题库无比强大和八卦，考生随时可以上网自测掌握程度。

设计四，考试为收费考试（初定200元每次），和HR部门约定时间后即可进行，各区域公司前台接待、管理人员均可担任考官。电脑随机出题，验明正身后让他自己上网折腾去，开卷考试，只要不冒名顶替即可，当场给出成绩，合格者进入下一轮，成绩两年内有效。

这种培训方法的设计，好处自然也是多多。

中国印花税票

好处一：大大减轻新员工的入职培训量，缩短新员工的磨合时间，节约公司投入的培训成本，用考生的资源和精力（不用我们买单），达到我们需要的效果。

好处二：考不过的考生至少也被公司影响，留下印象，扩大了公司的知名度，达到了免费广告的效果。

好处三：大学生把一部分“泡妞钓凯子”的精力放在了解企业历史、需求、文化、特点上，弥补了学校教育的不足，客观上促进了他们提前和社会接轨，也算公司对社会的一种贡献。

一个好的制度或者方法的评价无非这几条：手续简便，成本低廉，效果良好。即使在税收这个领域，也有人设计出很多人心甘情愿缴纳的税种，印花税的设计就是一个范例。

印花税的设计者观察到人们在生产和生活中的各类凭证非常多，是个巨大的税源，同时交易双方也认为凭证单据上由政府盖个印，能受到法律的保障，很乐于接受。印花税成为符合“拔最多的鹅毛，听最少的鹅叫”的税收技术的“良税”。

培训制度又何尝不是呢？

攒人品

❖❖『攒人品』就是指通过给他人提供便利或者帮助等行为来减少自己倒霉事的发生几率，积极正面而有内涵的词。

每当儿子略带得意地说："不好意思，老爸，这次有点RP（人品）大爆发。"我就知道准是这小子考试考得不错或者干了件出色的事获得了肯定。有一段时间，"人品"成了儿子和他那帮小哥们儿的口头禅，什么"人品差"、"攒人品"、"败人品"。听多了，就明白"人品"这个词已经不是原来的意思了，"攒人品"就是指通过给他人提供便利或者帮助等行为来减少自己倒霉事发生几率。

平心而论，"攒人品"是我比较喜欢的网络新词，比起那些"吐槽"、"屌丝"来要强得多，难得的积极正面而有内涵的词。

我刚入行的时候，老设计师鼓励我们要攒业绩，不但要有量，而且要有质。一开始攒楼梯、攒雨棚、攒看台，画得比较像样，就可以升助理工程师了，然后是攒工程，最好是多种类别、多种规模，就可以顺利评中级职称和高级职称。然后攒奖项，各种级别的，最好再做点科研，能获科技进步奖更佳，攒论文、攒著作，就可以奔向专业发展的高峰……作为20年前的职业发展指导，应该说踏踏实实，实实在在。所以我对这个"攒"字很有好感的，喜欢那"厚积薄发"的意味。

后来在张艺谋电影《活着》里面看到福贵对儿子有庆、孙子馒头的传经送宝，总有一种似曾相识的感觉，越看越觉得意味深长：

馒头：姥爷，小鸡放哪？

福贵：小鸡放哪？姥爷想想。这好吧？你看，这箱子比盒子大，是不是啊？小鸡在里边呀就跑得开了，一跑开了呢，吃得就多了，吃得多呢，小鸡呀，就长得快了。

馒头：姥爷，小鸡什么时候长大呀？

福贵：小鸡很快就长大了。

馒头：长大以后呢？

电影《活着》剧照

福贵：长大以后啊……鸡长大了就变成了鹅，鹅长大了就变成了羊，羊长大了，就变成了牛

馒头：牛以后呢？

福贵：牛以后……

家珍：牛以后啊，馒头就长大了。

……

在极“左”的年代里，人们是不敢讲求回报的（哪怕心里很想）。口号都是单向的：“为人民服务”，“学雷锋做好事”。社会上充斥着扭曲人性的假太空。那是一个不敢讲求个人利益的时代。改革开放后，开始提倡的“我为人人、人人为我”，显示着人性的回归，中国开始局部和世界接轨。

“攒人品”，生动幽默，给很多空泛的原则提供了具体的指南，是史蒂芬·柯维7个习惯中“情感账户”的市井版，是古代箴言“向阳门第春常在，积善人家庆有余”的现代版，而且执行效率更高，直接贴近人心。明白“攒”的道理，可以让一个狂躁的社会稍安勿躁，生活中不缺“攒”的机会，缺的是“攒”的心态。

我们一起来“攒”吧……

人力资源 祖师爷

中国传统文化讲究师道尊严，各行各业均供奉自己的“祖师爷”。祖师爷未必是开山鼻祖，只要在该行业里混过，无论是专业还是客串，手艺特别高超，地位特别显赫，名气特别响亮的，都有可能成为该行当的祖师爷。

木匠祖师爷鲁班画像

能工巧匠公输班，春秋时鲁国人，民间称作鲁班，传说中锯子的发明人，生平创造过云梯、石磨还有木制飞鸟，被木匠、竹匠、泥匠、瓦匠乃至现代的建筑工程业尊为“祖师爷”。时至今日，国内优质工程的奖项被称作“鲁班奖”。

杜康是夏朝君主，他创造了秫酒的酿造方法，被后人尊崇为酿酒鼻祖，推而广之，以粮食酿造为基础的醋坊、酱坊也尊奉他为“祖师”。

与鲁班、杜康一人横跨几个领域与行业不同的情况是商业领域。商业门类本来就多，赚钱的路数就更加不拘一格，所以商人们供财神，这已经不是手艺象征，而是目标崇拜了。中国的财神有文武之分，文财神有比干、范蠡，武财神有赵公明和关云长，可谓多姿多彩。

和中国人祖师爷分文武异曲同工的是老外对祖师爷的称呼，称作“××之父”或“××之母”，如费根鲍姆被尊作“人工智能之父”，邓肯被称作“现代舞之母”，海顿被称作“交响乐之父”等，也是别具一格。只是老外男女平等，偶像翻番，在人力资源的管理技巧上比我们高明一倍。

随着时代的发展，知识的爆炸，行业急剧增生、分化，加宽加

❖❖老外对祖师爷称作『之父』或『之母』。男女平等，偶像翻番，在人力资源的管理技巧上比我们高明一倍。

深，一大堆人都被带上了“各种老爹老娘”的高帽，特别是管理行业，什么“现代管理学之父”、“科学管理之父”、“质量管理之父”、“零缺陷管理之父”，五彩缤纷。

最近开始流行协同管理，仔细研读中外经典，发现配得上“祖师爷”和“之父”的牛人，实在不少，挂一漏万地列举几个吧。

基础标准制定者：嬴渠梁与商鞅。战国初期，昔日春秋五霸之一的秦国，君臣之间关系不协调，国势日衰，民生紧迫，士无斗志，不为各国重视。时任君主秦孝公颁布了“求贤令”，卫国人商鞅在这种背景下来到秦国，开始了强有力的改革，首先改革奖惩制度，取消世袭的特权，规定按军功给予爵位和田宅奴隶。其次统一度量衡，设郡县制。秦孝公嬴渠梁和商鞅这对千古君臣，经过两次变法，基本确定了秦国的基础标准和与之配套的顶层设计，秦国走上了强盛之路。

工业标准制定者：嬴政。经过秦孝公以后的五代经营，秦国空前强大，拥有了庞大的军队。古代军队中的军人都是自带武器（到了花木兰时代还是如此），从大刀到长矛，什么家伙顺手就使什么，弓箭也不例外，都是自己制作的或就地购置，五花八门。随着战争的不断进行，问题开始出现了，因为战士的箭只和自己的弓配套，所以当一个弓箭手阵亡了，另一个无法使用前人囊中的箭继续杀敌。于是秦始皇和他的谋臣们标准化了箭支的设计，使得每一支箭都适合所有的弓。这种协同标准大大提高了秦军的战斗力，所向披靡，终于“六王毕，四海一”，形成了中国的版图。尝到了制定标准的甜头的秦始皇一发不可收拾，又统一文字，又建立交通标准，俗称“书同文，车同轨”，实现了中国真正的统一。

经济标准的制定者：李斯特。17 世纪中期，“德意志神圣罗马帝国”由 300 多个大大小小的邦国组成，它们各自为政，中央权力几乎不存在。它们各自发行和使用的货币种类多达 6000 种，还设立了重重关卡，收取繁重的关税。在 19 世纪初，从柏林到瑞士，要经过 10 个邦国，办 10 次手续，换 10 次货币，交 10 次关税，内部交易成本巨高，严重阻碍着德国经济的发展。

李斯特认为不消除这些内部关税，发展德国经济，提高国际竞争力是不可能的。于是他呼吁各邦国建立全德关税同盟，并得到了最大的邦国普鲁士的支持。关税同盟使商品、资本、劳动力得以自由流通，有利于统一的民族市场的建成。到 19 世纪中期，关税同盟地区工业总产量已是欧洲第三，德国强盛的曙光初现。

蓝海狂想曲

❖❖忧郁的柴可夫斯基并不是所有的人都推崇他，朗多尔米就不待见他，在《西方音乐史》中，将老柴一带而过。

做《知识管理概论》课程设计的时候，我特地取了一个很土、绝对不给力的名字。杨泓教务长隐忍不发，我也知道她的意思，啥年代了，还崇尚“巷子深”理论。但我更相信赵晓钧院长的期望空间理论，为自己打造足够的期望上升空间，反正 CCDI 学院又没人逃课，要是这点成色也嗅不出来，那“灵商”的提升空间也太大了点。这年头，先低调，才可能有腔调。

其实我也曾经高调过，3 年前在出版我的第一本书《建筑工程设计中的知识管理》（也就是本课程的教材）的时候，取了一个很飞扬的副标题——“创意的 K 化之路”，还特地请了个中国通老外翻译了个洋名——Path to Innovation，几个假洋鬼子“咂巴”了一下，说倒不是很 Chinese English。于是踌躇满志地获得了很多赞许，一路上编辑、主编都无异议，但到了总编处卡壳了，意见是翻遍整本书，不知道创意体现在哪里？最后壮士断腕，回想起来心里仍隐隐作痛。

这次准备课件的时候，我又给我的课程取了个副标题——蓝海狂想曲。这个名字更是虚幻得无边无际，脱胎于管理名作《蓝海战略》和美国第一位民族作曲家乔治·格什温（George · Gershwin）的名作《蓝色狂想曲》。

蓝色狂想曲乐谱

《蓝色狂想曲》是我最喜欢的乐曲之一。我买的第一张 CD 就是格什温的《蓝色狂想曲》和《一个美国人在巴黎》（那个时候还没有 D 版，50 多元的一张 NAXOS，已经是我月收入的 1/10 了），反反复复听了 18 年，后来又陆续购买了其他版本的碟片，当然包括伯恩斯坦的那张企鹅三星版。用它的“变奏”作为课程的副标题并引导整个课程，太合适了。

配合课程的内容，我精选了 8 段音乐，分别是美、英、德、法、俄、意 6 个国家的大师的作品，因为是西方古典音乐，所以怎么也没法把日本凑进去，其实如果把意大利换成日本，正好和大家公认的国家技术标准比较先进的 6 个国家相符合。可见，国家的强盛，科技的发达与文化的繁荣是有很大的关系的，差可拟之。

《蓝色狂想曲》是爵士乐元素和古典音乐的原理的混合体，美国得不能再美国的作品。快速的节奏，蓬勃的活力和独一无二的锐气，特别像这门课程一个主题接着一个主题的追逐，万花筒般的内容和效果。所以在第一天课程开始前，我就有意让学员们沉浸在这种氛围中。

上午第二节课前，延伸蓝色的是迪斯尼用飞翔的鲸鱼来比拟的雷斯皮基的交响诗《罗马的松树》。这首乐曲是音乐减压的经典名曲，可以促进身体和精神的放松，缓解紧张的情绪。让大伙 Relax 一下。

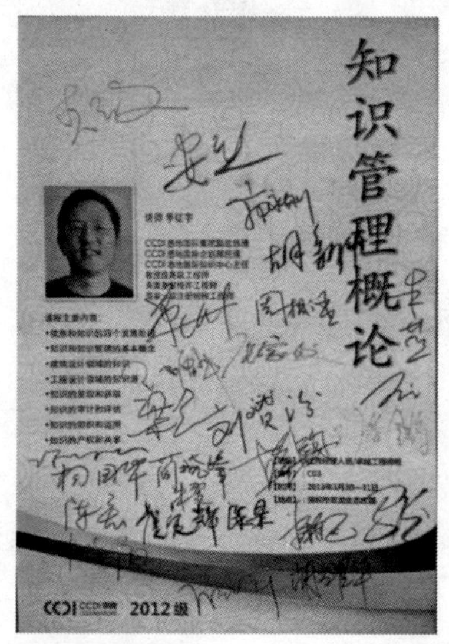

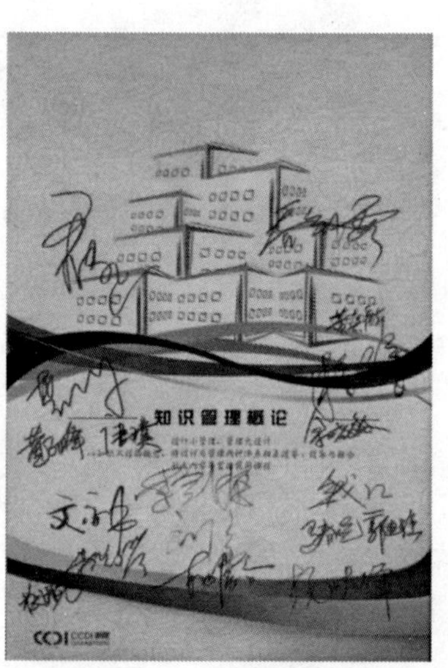

学员签名课程海报

作者在课堂上做点评

❖❖忧郁的柴可夫斯基并不是所有的人都推崇他，朗多尔米就不待见他，在《西方音乐史》中，将老柴一带而过。

下午开场的是杜卡的交响诗《魔法师的徒弟》，典型的叙事音乐，内容来自是歌德的同名叙事诗。迪斯尼特别喜欢这个题材，由米老鼠领衔扮演，两次发行了经典动画片，2008年，迪斯尼意犹未尽，由尼古拉斯·凯奇演绎了故事片。乐曲中学徒的行为，用来诠释失败知识案例中要素，无比贴切，引出导师制的讨论话题，再合适不过。

下午第二节课是最犯困的时候，用艾尔加的《威风凛凛进行曲》来提提精神。诺亚方舟的故事，动画版的《2012》，不到10分钟的时间，把圣经故事、爱情磨难、迪斯尼动画、皇家音乐完美地糅合在一起，为明天课程中的看电影做设计先埋个伏笔。受上帝重托造方舟的诺亚实在太忙了，于是把“动拆迁”的任务分包给唐老鸭，“唐经理”怎样组织团队躲过劫难，怎样鼓励员工去冒险也是设计项目管理的过程知识。

第二天要用大家意想不到的开曲来延续大家的兴趣，由半人半马的神仙和小天使来演绎贝多芬的《田园》，标题音乐的典范。其实就是浪漫版的《非诚勿扰》或《相约星期六》节目，神仙们的相亲和发现另一半的过程，不过迪斯尼表达得特别唯美，让大家在一种祥和的感觉中开始知识的发现和获取吧。

忧郁的柴可夫斯基在“老毛子”里是个异类，真想不到五大三粗的俄罗斯能孕育出如此钟灵毓秀的人物来。可并不是所有的人都推崇他，法国音乐史家朗多尔米就不待见他，在他的传世之作《西方音乐史》中，将老柴一带而过，说他的作品都是平庸之作。听听老柴的《胡桃夹子》，想想老柴的待遇，再开始学习知识的评估和甄

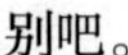

别吧。

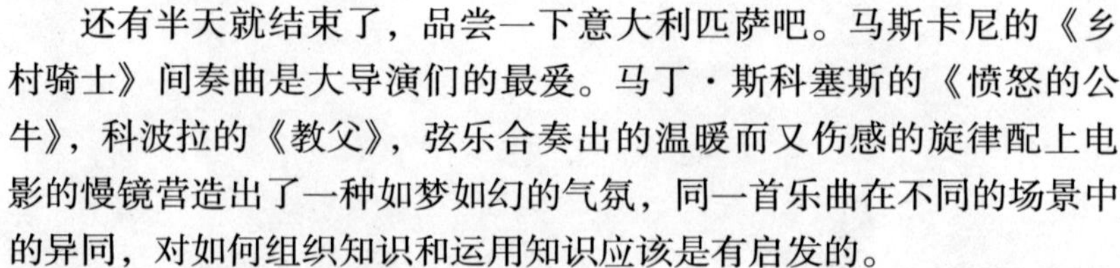

还有半天就结束了，品尝一下意大利匹萨吧。马斯卡尼的《乡村骑士》间奏曲是大导演们的最爱。马丁·斯科塞斯的《愤怒的公牛》，科波拉的《教父》，弦乐合奏出的温暖而又伤感的旋律配上电影的慢镜营造出了一种如梦如幻的气氛，同一首乐曲在不同的场景中的异同，对如何组织知识和运用知识应该是有启发的。

最后一节课，放松一下吧，说一些工具和方法。圣桑的《动物狂欢节》终曲是最能表达大结局的了。

蓝色、蓝海、蓝天，蓝色是最深遂、最有想象空间的颜色，在知识爆炸的今天，在蓝色中起舞，在蓝海中狂想，也许是最有意味的。

他山之石 沉船启示录

❖❖最可怜的是设计师和技术人员，宿敌丹麦自然是一丝不苟地进行技术封锁下，只好提着脑袋搞原创，依葫芦画瓢吧。

瓦萨沉船

世界上最有影响力的沉船大概是“泰坦尼克号”，这要归功于卡梅伦的同名电影；中国人心中最有名的沉船也许是北洋水师的“致远号”，这得益于坚持不懈的爱国主义教育。在瑞典，这个拥有过许许多多艘船舰的海洋性国家中，瓦萨沉船肯定是最著名的沉船之一，而且是最让人啼笑皆非的沉船之一。

打捞出水的瓦萨沉船局部

1625年，瑞典历史“最牛”的国王古斯塔夫二世下令建造四艘主力战舰以加强其制海权，“瓦萨号”战舰（以其祖先的名字命名）就是其中的一艘。“瓦萨号”的设计原来是单层炮舰，可是“探子”来报，强敌丹麦已拥有双层炮舰。老古顿时血涌上脑，敌人有的俺们也要有，没有条件创造条件也要上，下令把单层改为双层。

平心而论，在当时要建造双层炮舰，可不是像现在楼房平改坡加个轻质屋顶那么简单，凭瑞典的造船技术，还是有点难度的。可老大既然肯掏腰包，又遐想无限，一干大臣将领又如何敢扫他老人家的兴？最可怜的是设计师和技术人员，宿敌丹麦自然是一丝不苟地进行技术封锁，只好提着脑袋搞原创，依葫芦画瓢吧。

除了改双层，老大还要求多多。比如为了彰显王国的荣光，在船上雕刻了700多件瑰丽多彩、金碧辉煌的雕塑。这是战舰啊，老哥，

就是仗着皮实挨炮弹的，你以为弹片是来擦灰的不成？这些沉重的雕塑高高地矗立在船首，肯定头重脚轻，要多少压重来平衡？双层炮舰意味着甲板上要多一倍的大炮和弹药，又用什么方法来平衡？技术难度的心理压力让主设计师惶惶不可终日，两年后，在战舰竣工前一年，一命呜呼了。

主设计师死了，船还得继续造下去，终于熬到竣工那天了。古斯塔夫二世大喜，亲自选定首航日，1628 年 8 月 10 日。那天，斯德哥尔摩海湾风和日丽，国王带领一干重臣参加首航典礼，在岸上人群的欢呼声中，“瓦萨号”战舰扬帆开始了它的处女航。不料刚行驶数百米，一阵风吹来，威武的船体就急剧地摇晃起来，接着下层甲板的炮口开始进水，竟连人带船沉入 30 多米深的海底。

这下喜事变成了丧事，古斯塔夫二世大怒，下令彻底追查事故责任。查来查去，所有的责任都推给了已经死去的主设计师。老兄你就多担待吧，总不能追究老大的决策失误吧。最后事情不了了之，但瑞典的由盛转衰已露端倪。

瑞典人对“瓦萨号”战舰的感情非常深。3 个多世纪后，这艘在水底沉睡了 333 年的战船被打捞出水，这是世界上被打捞起来的最古老和保存最完整的战舰。瑞典在斯堪森岛上建立了“瓦萨沉船博物馆”，陈列了在沉船附近和船体内部找到的大批珍贵实物。现在瓦萨沉船博物馆除了成为展示 17 世纪巴洛克艺术和造船技术的场所，还带给今人很多有益的启迪和警示，这也许是当年古斯塔夫二世始料未及的。

“瓦萨号”战舰是技术屈服于权威的典型案例。中国的铁路事业正在快速发展，被奥巴马虚夸了几句后更是飘得不行了，故障不断，好歹有路基托着，停下来就停下来了，要是轮船或飞机，停下来就麻烦了。谁承想7.23真的噩梦成真。反正铁道部长半年前就抓起来了，铁道部的大小官员同样会让他顶缸的。

哥德堡号

世界上有过许多东印度公司，臭名昭著的如英国东印度公司，在中国，它的名字和鸦片联系在一起，用戕害其他民族健康的代价来获利，“绅士”的祖先们的毛孔里流淌的血实在不够干净。荷兰的东印度公司，发行了世界上第一张股票，政府持有股份，有为战争支付薪水，与外国签订条约，铸造货币，建立殖民地等权利。当时的欧洲列强，不建立一个“东印度公司”，出门都不好意思和人打招呼。瑞典也不例外，在国会的支持和授权下，建立了瑞典东印度公司（Swedish East India Company），旨在分一杯羹。

瑞典东印度公司有一艘大名鼎鼎的货船——哥德堡号。该船建于1738年，耗费颇巨，船上有140多名船员，并装备有30门大炮，是公司最大的商船之一。

1745年1月，“哥德堡号”满载着大约700吨茶叶、瓷器、丝绸等Made in China的货物，从广州启程返回瑞典哥德堡。船长站在船头，远眺故乡，抑制不住内心的喜悦，这批货物顺利运至哥德堡拍卖

❖❖最可怜的是设计师和技术人员，宿敌丹麦自然是一丝不苟地进行技术封锁下，只好提着脑袋搞原创，依葫芦画瓢吧。

仿古帆船『哥德堡号』

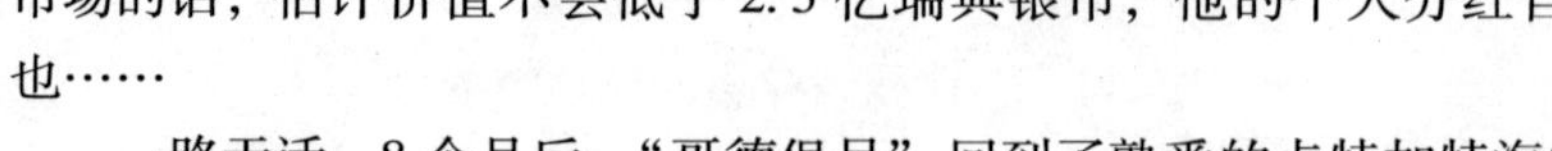

市场的话，估计价值不会低于2.5亿瑞典银币，他的个人分红自然也……

一路无话，8个月后，“哥德堡号”回到了熟悉的卡特加特海峡。岸上，望眼欲穿的船员家属们已经等待好几天了，当“哥德堡号”熟悉的桅杆和船帆从海平面上渐渐升起时，人们沸腾了。船员们看见久别的陆地和亲人身影，情不自禁地相互拥抱着欢呼雀跃起来。就在一片欢腾声中，“哥德堡号”笔直地撞上了暗礁，众目睽睽之下，在家门口沉没了。

“哥德堡号”离奇触礁的原因引起了纷纷的猜测。瑞典人奥尔森搜集了大量证据，经过多年研究，揭开了谜底：“哥德堡号”的驾驶舱位于船的第二层，所以舵手要依靠底层甲板上的领航员给他指示方向。当人们提前开始了狂欢庆祝，指示方向的领航员也热情加入了，结果忘了提醒舵手注意方向，船便不可思议地撞向暗礁，可谓乐极生悲！不幸中的大幸是，船员全部被救起。公司从船上抢救了部分茶叶、丝绸和瓷器，这些货物在市场上拍卖后除了支付“哥德堡号”这次广州之旅的全部费用，竟然还有盈余。太诱惑了，瑞典东印度公司又建造了“哥德堡Ⅱ号”商船。

1984年，一些瑞典的潜水爱好者发现了沉睡海底的“哥德堡号”残骸。1995年，瑞典政府耗资3000万美元，建造仿古帆船“哥德堡号”。2005年10月，“哥德堡号”帆船从瑞典哥德堡港起航，沿着海上“丝绸之路”的历史航线，于2006年7月抵达广州。

“哥德堡号”的“晚节不保”，栽倒在终点线前，再次证明了一句古语，“行百里者半九十”。做事越接近成功越要认真对待。

他山之石

江南河鲜

日本人往太平洋排放核污水，给很多海鲜粉丝的心头蒙上了阴影。三峡、葛洲坝和越来越发达的捕鱼工具，又把长江鲜变得可望而不可即。好在江南还有众多的河塘湖泊，根据时令与季节的不同，各擅胜场，就写写河鲜来解馋吧。

冬春之交：螺蛳·黄蚬·河蚌

1月是螺蛳肥美的季节，长在水草摇曳的河塘里的青壳螺蛳，肉质细，味道鲜，是螺蛳中的上品。螺蛳在清水中养上一天，吐净泥沙，加上葱花料酒爆炒，“蹄膀笃笃，螺蛳嗍嗍”，鱼米之乡，生活小康。20年前同济密云路的大排档，交大徐汇三号门的路边摊，美味永驻舌尖。初春季节，当螺蛳遇上春韭，便又演绎了一段让人难忘的美味——螺蛳头炒韭菜。

河蚬是螺蛳的近亲，也有称之为团蚬、黄蚬，也是一种淡水贝类，比蛤蜊小上两号，模样却很相似，生长在水底泥土表层，生长快，繁殖力强。蚬肉可配韭菜、茭白、山药、苜蓿。河蚬炖蛋入汤俱佳。日前和家人踏青吴江，一味河蚬莼菜汤，鲜得下巴掉下来。

『枫泾食歌』砖雕（上）（季金龙摄）

“河蚌”号称江南土菜第一鲜，印象中河蚌经常与珍珠、蚌壳精联系在一起。准确地说，产珍珠应该叫珠蚌，河蚌更多的是大众化价廉物美的食物。清明前的

❀❀手工画图时代，用鸭嘴笔画线条的单调动作和菜场上划鳝丝很相似，于是上海的建筑设计师常常自嘲为『划鳝丝的』。

河蚌肉质最肥厚，性偏阴凉，有清热解毒之功效，民谚曰：“春天喝碗河蚌汤，夏天不生痱子不长疮。”家常菜中，河蚌可以炒青菜，河蚌可以炖豆腐，考究一点，河蚌咸肉豆腐汤，“腌笃鲜”的变种之一。

上海远郊名镇枫泾在历史上被誉为“吃镇”。高速公路服务区的超市里，到处都是“枫泾丁蹄”，当地流传的“食歌”（上篇，参见配照，笔者老爸摄于枫泾）吟道：“正月螺蛳二月蚬，桃花甲鱼三月肥，出洞黄鳝四月底，五月拉司吃不厌。”可作本篇结语。

春夏之交：甲鱼·黄鳝·青鱼

暮春三月，江南草长，桃花盛开，菜花遍野，甲鱼开始粉墨登场了。《闲情偶寄·饮馔·肉食》：“新粟米炊鱼子饭，嫩芦笋煮鳖裙羹。”令人馋涎欲滴。“菜花甲鱼”是滋补佳品，近年难觅踪影的野生甲鱼更是大伙儿趋之若鹜的宝贝。沪上名菜“冰糖甲鱼”，胶汁肥腴，入口鲜美。入夏后，甲鱼都很瘦，没有多少营养价值，俗称“蚊子甲鱼”，一般无人问津。

“西塞山前白鹭飞，桃花流水鳜鱼肥”，和桃花相伴的鳜鱼也叫“桂鱼”，学名叫“鳌花鱼”，“四大淡水名鱼”之一，肉质细嫩，刺少肉多，肉呈瓣状，为鱼中之佳品，价格自是不菲。鳜鱼是肉食性鱼

1992年作者和顾志豪在朱家角

『枫泾食歌』砖雕（下）（季金龙摄）

类，性格生猛，最常用的做法就是葱姜清蒸，沾上文化气息的就是苏州松鹤楼的名菜——松鼠桂鱼。

初夏活跃的水产是黄鳝。黄鳝味鲜柔美，刺少肉厚，又细又嫩，别具一格。小暑前后的夏鳝鱼最为滋补味美，民间有“小暑黄鳝赛人参”之说。相传古代有些大力士常吃鳝鱼，所以力大无穷。不过现在不良商贩给黄鳝喂“避孕药”，食用有“无后为大”之虞。

❖❖手工画图时代，用鸭嘴笔画线条的单调动作和菜场上划鳝丝很相似，于是上海的建筑设计师常常自嘲为『划鳝丝的』。

黄鳝的做法有鳝丝、鳝背、鳝筒。手工画图时代，用鸭嘴笔画线条的单调动作和菜场上划鳝丝很相似，于是上海的建筑设计师常常自嘲为“划鳝丝的”。

入夏的时候，上海的金山、南汇、青浦一带还有一种独特的风味食品，叫作“熏拉司”，色泽金黄、肉质细嫩、口感独特、味道鲜美。“拉司”就是野生蟾蜍，大概不能算河鲜。吃“拉司”是当地的一种传统习惯，历史悠久。除了烟熏，还有红烧、火锅和酒醉等多种吃法。如今保护野生动物，媒体不断做科普教育，可老百姓就是喜欢，朱家角、练塘、枫泾，比比皆是“熏拉司”。工商卫生部门四处稽查，收效甚微……其实5月也是食用青鱼的好季节，烟熏青鱼，也是别有味道。

江南常见的青鱼有乌青和草青两种。乌青食物以螺蛳、蚌、蚬、蛤等为主，亦捕食虾和昆虫幼虫，是学术上正宗的青鱼属，现在比较少见。多见的是模样类似的草鱼，肉质和价格远不如前者。草鱼是杭州名菜“宋嫂鱼”（西湖醋鱼）的主要原料，酒家选用鲜活草鱼，饿养几天，促使其排尽泥土味，活杀现烹，酸甜适宜，风味独特。

夏秋之交：河虾·鳗鲡·肆鳃鲈

枫泾“食歌”（下篇，参见下图，笔者老爸摄于枫泾）是这样说的：“暴子‘弯转’六月红，七夕要吃肆鳃鲈，八鳗九蟹十鳑鲏，十一十二吃鲫鱼。”

歌谣是用当地土语记录的，“暴子”也叫“抱子”，就是“河虾”。5月下旬，河虾长大后，身体由长变弯，也称“老鲥虾”（也有种说法把“籽虾”叫“鲥虾”）。我记忆中的“老鲥虾”比基围虾略小，一大碗也就20个左右。我高考的时候，老妈顿顿油爆鲥虾，慈母之心，记忆犹新。吴语中，“虾”与“花”同音，老妹尤爱“醉虾”。大学时，家人常常调侃她到底爱“醉虾”还是“玫瑰花”，成为我家保留的温馨段子。

“肆鳃鲈”在文学史上有较高的地位。因为西晋文学家张季鹰因见秋风起，乃思吴中菰菜、莼羹、鲈鱼脍，曰：“人生贵得适志，何能羁宦数千里以要名爵乎！”遂命驾而归。后来张季鹰的主子齐王冏落败，人皆谓之见机，“肆鳃鲈”不过是个美丽的借口。

“肆鳃鲈”肉质洁白似雪，肥嫩鲜美，少刺无腥，是四大淡水名鱼之一，属于洄游鱼类。上世纪50年代，秋季汛期时松江鲈鱼的捕获量可达万斤。随着造闸建坝工程的增多，松江鲈鱼的洄游路线被破坏，到了上世纪70年代后期基本绝迹，被列为国家二级保护动物。2010年，在几代科学家的努力下，阔别上海数十年的“江南第一名鱼”选育成功，江南名菜“八珍鲈鱼脍”重获新生，俺们可以重新体验张季鹰的心情了。

8月桂花香，雌鳗接近性成熟，开始有繁殖的冲动，这时的鳗鱼脂肪多、水分少，味美腻嫩，营养丰富，俗称“桂花鳗鲡”。日本人

1992年作者和吴劼在青浦镇茶馆

狂热地喜欢鳗鱼，以静冈县兵名湖所产鳗鱼为最佳，制作的烧烤鳗鱼甘香柔软，弹性十足。上海菜的做法就是清蒸或者红烧，柔和甜美，入口即化。

岁至晚秋，“秋风响，蟹脚痒”，吃蟹的黄金季节就要到了。

❖❖手工画图时代，用鸭嘴笔画线条的单调动作和菜场上划鳝丝很相似，于是上海的建筑设计师常常自嘲为『划鳝丝的』。

秋冬之交：螃蟹·鲫鱼·鳑鲏琅

在每年螃蟹黄金季节到来前，有一个小高潮，指从农历 6 月初，一直到中秋节前这段时间。这段时间上市的螃蟹，壳还没完全硬起来，脚上的毛也还没长出来，肉质细软，蟹黄鲜嫩，又叫“黄油蟹”，俗称“六月黄”。农历九月，雌蟹亮相，农历十月，雄蟹登场，所谓“九雌十雄”。

上海人吃螃蟹，首选是出身，要求出于名门。阳澄湖的大闸蟹一向是“人气王”，等而次之者洪泽湖、太湖、淀山湖也是不错的选择。至于崇明蟹，由于生长在咸水、淡水相交处的岛上，身价一向不高。其次是卖相，背青、肚白、毛金是清水大闸蟹的三大评价指标，锈迹斑斑的可能就是生长环境不佳的稻田蟹、塘蟹、沟蟹，而那些像隔壁弄堂的小黑皮一样精赤灵活的乌鳅蟹，终归上不了台面，登不得大雅之堂，也就是炒炒年糕的命。

其实很多人基本上都分不清太湖蟹和阳澄湖蟹的区别，比较实惠的是挑选充满活力的蟹。一般来说，把蟹身翻倒，肚皮朝天，能敏捷翻转的是好蟹。如果把蟹放在玻璃上，倒过来，能用爪子紧扣住玻璃而不掉下来，属于生命力特别顽强的蟹，是蟹中的上品。就像吃海鲜讲究一个“鲜”字，最好是活蹦乱跳，谓之生猛，也是一个道理。

西湖郭庄入口的照壁上，有一首张志和的《渔歌子》：“西塞山边白鹭飞，桃花流水鳜鱼肥。青箬笠，绿蓑衣，春江细雨不须归。”他的其他几首《渔歌子》也相当精彩，“松江蟹舍主人欢，菰饭莼羹亦共餐。枫叶落，荻花干，醉宿渔舟不觉寒。”就是描述这个食蟹时节的。

“蟹”是很多文人雅士的爱好和题材，李渔在《闲情偶寄·饮馔部》中有专篇描写，以蟹为命，情深意切，嗜蟹者不可不读。采撷几段，让各位一读为快：

予于饮食之美，无一物不能言之，且无一物不穷其想象，竭其幽渺而言之；独于蟹螯一物，心能嗜之，口能甘之，无论终身一日皆不能忘之，至其可嗜可甘与不可忘之故，则绝口不能形容之。此一事一物也者，在我则为饮食中痴情，在彼则为天地间之怪物矣。予嗜此一生。每岁于蟹之未出时，即储钱以待，因家人笑予以蟹为命，即自呼其钱为“买命钱”。

鳑鲏鱼，俗名“鳑鲏琅”，也就一两寸长，体形扁平而小巧，永远长不大，鱼类中的侏儒，沿河岸群居而生。家常的做法是油炸、面拖或椒盐。鳑鲏鱼油炸后，鱼骨也被炸脆，无须吐刺，不会哽喉，现代说法，还可补钙，老少咸宜的菜肴。

鲫鱼是江南的寻常菜肴，比喻某种时兴的事物多得很的成语就叫“过江之鲫”。一年到头都可以在餐桌上见到，12 月份前后最为肥美。上海的家常做法是葱烤鲫鱼、鲫鱼豆腐汤、鲫鱼萝卜丝汤，早年一些本帮菜馆的菜单上还有鲫鱼的名字，现在上档次的餐厅，鲫鱼几乎绝迹。只有大排档和鸡毛店还是作为主力推出。

鲫鱼这种大众化的食品，很难出现在李白、王维这类诗人的笔下，在全唐诗中只出现过 7 次，相对于鲈鱼、鳜鱼来说，实在是平民得很。倒是有点潦倒的杜甫，还留下了“鲜鲫银丝脍，香芹碧涧羹”的佳句。

童年正值“文革”，鲫鱼倒是桌上寻常菜肴，日久练得一口吐刺绝活。记忆中最美的鲫鱼，是家父出差路过大丰，带回来的“长在野沟里”（家乡话）的鲫鱼，家母称作“老板鲫鱼”（家乡话），几乎有一尺多长，丰腴肥美，至今难忘。

延伸参考

书籍阅读类

1. 艾尔弗雷德·D. 钱德勒,《战略与结构》

【一句话点评】:组织结构应该是为了适应组织的不断成长而不断地重新塑造的有机的结构。

2. 大卫·H. 梅斯特,《专业服务公司的管理》

【一句话点评】:很多最基本的知识型组织的概念和规则都可以在这里找到出处。

3. 菲利普·科特勒,《专业服务营销》

【一句话点评】:营销圣经 *Marketing Management* 的在专业服务业的深度拓展。

4. 蒂姆·布朗,《IDEO,设计改变一切》

【一句话点评】:重新定义“设计”的扛鼎之作。

5. 亚历山大·奥斯特瓦德,《商业模式新生代》

【一句话点评】:形象又巧妙地重构了商业模式的评价体系和标准。

6. 约瑟夫·M. 朱兰,《朱兰质量手册》

【一句话点评】:不但可以提高工作品质,而且可以提高生活品味。

7. 瓦尔特·戈利茨,《德军总参谋部》

【一句话点评】:专业服务业要从幕僚、智囊向总参谋部发展。

8. 查尔斯·辛格,《技术史》

【一句话点评】:只需翻一遍,就明白什么是做学问。

9. 亨德里克·威廉·房龙,《宽容》

【一句话点评】:读懂书名就读懂了一半。

10. 李渔，《闲情偶寄》

【一句话点评】：十七世纪中国情调生活设计集。

电影观赏类

1.《华尔街》（Wall Street）（1987）

【一句话点评】：商业最基本的本质就是交换。

2.《甜心先生》（Jerry Maguire）（1996）

【一句话点评】：解读用心付出的销售。

3.《虫虫危机》（A Bug's Life）（1998）

【一句话点评】：菲力就是乔布斯的自我暗喻。

4.《解构企业》（The Corporation）（2003）

【一句话点评】：大企业的斑斑劣迹史。

5.《我的建筑师》（My Architect：A Son's Journey）（2003）

【一句话点评】：看完了再决定是否继续自己的大师梦。

6.《优势合作》（In Good Company）（2004）

【一句话点评】：天堂就是互相喂着吃。

7.《城市的远见》（The Vision of A City）（2004）

【一句话点评】：欲穷千里目，更上一层楼。

8.《穿普拉达的女王》（The Devil Wears Prada ）（2006）

【一句话点评】：职场菜鸟的入门宝典。

9.《设计天赋》（The Genius of Design）（2010）

【一句话点评】：每一段话都设计界的至理名言。

10.《碟中谍 4》（Mission：Impossible - Ghost Protocol）（2011）

【一句话点评】：项目管理元素大全集。